レオンハルト・オイラー (1707-1783)

本書の主人公.
18 世紀最大の数学者.

複素 Z 関数の絶対値の対数グラフ

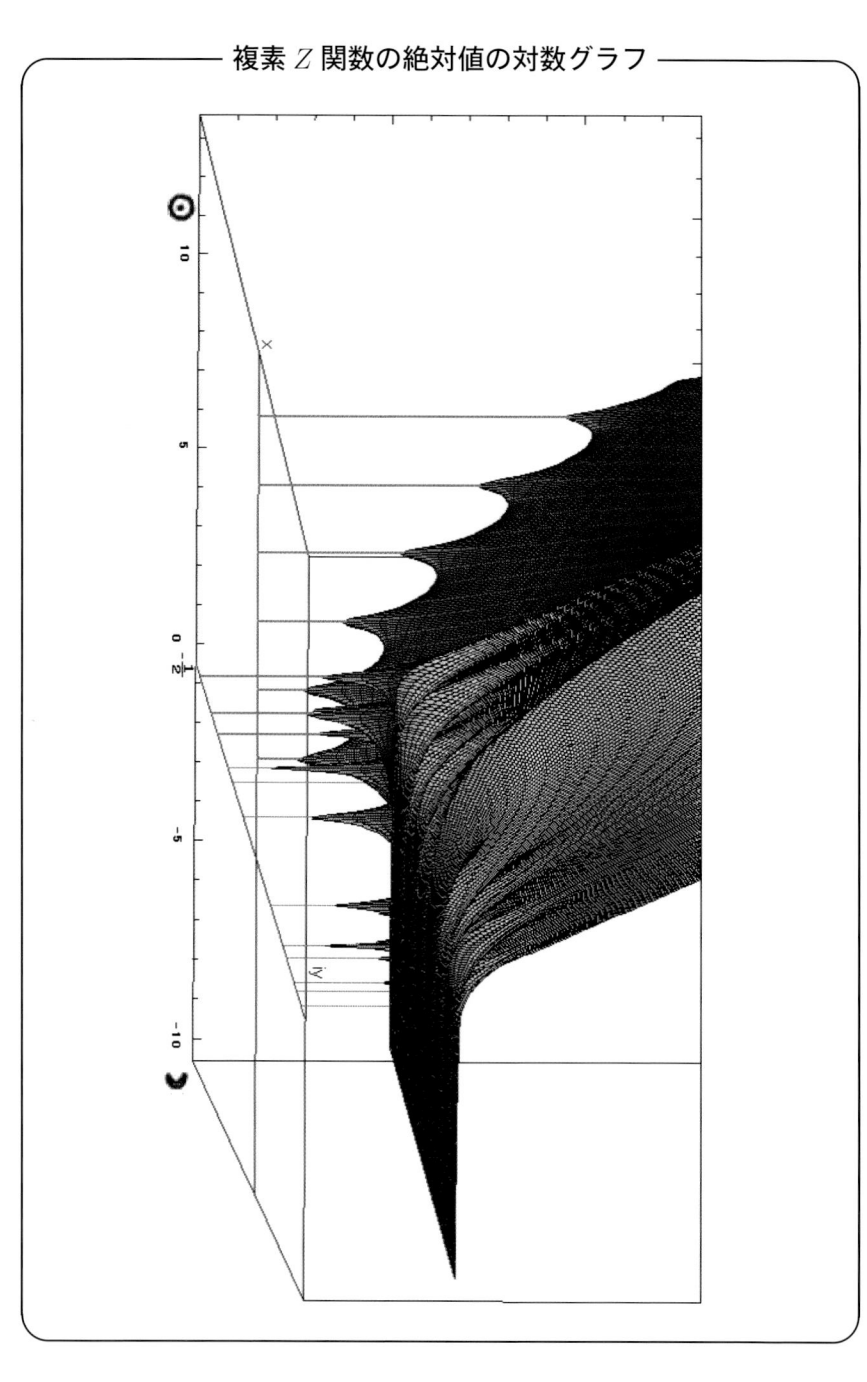

無限オイラー解析

― Zの等式への誘い ―

高橋　浩樹

現代数学社

壮大なる知の探検家

　　　レオンハルト・オイラー

　　　　　その生誕３００周年を記念して

まえがき

　稀代の天才芸術家レオナルド・ダ・ヴィンチは,『モナ・リザ』を描く数年前に数学にのめりこむ. 彼は手紙の中でこう述べる.
「つまるところ数学的な実験に気を取られて絵はおざなりになっており, 絵筆をもつのに我慢がならないのです」
この天才を魅了した数学とは, いったい何だったのだろうか.
　それを知る1つの手がかりが, 遠近法という技法にある. 普通この技法は, 近くにあるものは大きく, 遠くにあるものは小さく描くという単純なものである. しかし, この天才の手にかかると, この技法も単純なままでは終わらなかった. 彼は4種類の技法－線的遠近法, 色彩遠近法, 消失遠近法, 空気遠近法－を挙げて, それらを絵画の中で美しく表現した. ある1つの原理から多様な技法や美しさが産み出されること, そしてその原理の源が数学にあることを, 彼ははっきり分かっていたのだろう. だからこそ, 彼はこう言わなければならなかった.
「数学者でない者には私の原理は読めない」
すなわち, 彼の絵画の本当の原理を見抜くためには, 数学を学ばねばならないと言いたかったのだ.
　数学の原理が用いられるのは, 絵画にとどまらない. 古代から数学は, 幾何学や数論はもちろん, 音楽, 天文学, 力学などの一見複雑に見える現象の本質を解き明かしてきた. 数学は物事の本質を見極めるために, 学ばなくてはならない大切な学問だった. 知の断片が知の恵みとなることを, はっきりと教えてくれる重要な学問だった.
　学問を学ぶ際に大事なことは, 良い教師から学ぶことだ. 数学を学ぶ場合にもこれはぴったり当てはまる. これまでにも, 数多くの素晴らしい数学の教師がいただろうが, その中でも燦然と輝く「数学者の中

の教師」とよばれる天才教師がいる. 今からちょうど 300 年前に誕生したレオンハルト・オイラーである. 彼が産み出した数学は, それ以降の数学者や科学者に多大なる影響を及ぼした. それだけではない. 科学・哲学の啓蒙書『ドイツ王女への手紙』の出版により, 一般市民の知識を大いに豊かにし, さまざまな分野の発展に寄与した. そして現代においても, オイラーが産み出した知は輝き続けている. その影響力の強さと広がりを公平に考えれば, オイラーをしのぐ人物はまず見当たらない. たとえば, 三角関数や指数関数なしで科学技術を語れるだろうか. これらの基礎知識を徹底的に整えて, 応用方法を惜しみなく広めたのがオイラーだ. だが, 彼が産み出した知はあまりにも先進的であり膨大であったため, 後世の人々にとっては個々の知の吸収だけで手一杯で, 彼が本来伝えたかった真の知恵は理解されなかった. オイラーはその巨大さゆえに, 未だに過小評価されている.

　「オイラーの等式」とよばれる美しい等式を, 見たことあるいは聞いたことがあるだろうか. 自然対数の底 e, 虚数単位 i, 円周率 π, 乗法単位 1, そして加法単位 0 という, 数の世界のトップスターたちが勢揃いした次の等式だ.

$$e^{i\pi} + 1 = 0.$$

まさしく色とりどりの数が, 1 つの美しい等式を形作っている. この「オイラーの等式」は, 数学の世界に光る第一級の宝石といえるだろう. オイラーとは, このような不思議な等式を探し出せる抜群の洞察力をもった天才である. そして, 本書の最大のテーマである「Z（ゼータ）の等式」は, その天才的な洞察力をもってしても, この等式がふくむ不思議にはかなわず, 美しさに賛嘆せざるを得なかった等式である. それが次の等式である.

$$\frac{1-2^{n-1}+3^{n-1}-4^{n-1}+5^{n-1}-6^{n-1}+\&c.}{1-2^{-n}+3^{-n}-4^{-n}+5^{-n}-6^{-n}+\&c.}=$$
$$\frac{-1.2.3\cdots(n-1)(2^n-1)}{(2^{n-1}-1)\pi^n}\cos\frac{n\pi}{2}.$$

「オイラーの等式」が宝石なら,この等式は無限の宝石にいろどられた王冠にたとえることができるだろう.

　18世紀最大の数学者とよばれるオイラーは,その天与の才能を,数学はもちろん,天文学,物理学,工学,音楽,哲学,神学などさまざまな分野で発揮した.そのさまざまな分野の素晴しさを知った稀代の天才が,美しいと賛美せざるを得なかった等式なのだ.この等式を学ぶことは,数学だけではなく学問の本質を学ぶことになるだろう.いや,それだけではない.この等式の中にこそ,オイラーが豊かな知を産み出し続けた原理が隠されている.本書の最大の目的は,この隠された原理を解き明かすことだ.

　この等式の素晴しさを,オイラーが好きだった音楽でたとえてみよう.「オイラーの等式」は,その美しさが分かったとき,ソロのフルート曲のように明快に心にひびく.一方「Z（ゼータ）の等式」は,その究めつくせない不思議を感じたとき,無限の演奏者がいるオーケストラのような豪華な音色で心をゆさぶる.

さあ,その美しくきらめく豪華な王冠をめざして,
この天才の人生を探検してみよう.

―― オイラーをめぐる人々 1 ――

レオナルド・ダ・ヴィンチ (1452-1519)
「数学者でない者には私の原理は読めない」

西洋を代表する万能の天才.

―― オイラーをめぐる人々 2 ――

ピエール＝シモン・ラプラス (1749-1827)
「オイラーを読め．オイラーを読め．
彼はわれわれすべての師匠なのだ」

　オイラーをこう言って称賛したのが，ラプラスである．彼は，フランス・ノルマンディの農家に生まれ，幼いころから豊かな才能を認められ，パリでダランベールに出会う．ナポレオン時代には内相に任ぜられ伯爵を授けられる．ベルヌーイ一族，オイラーによって展開された解析学を発展させ，天体力学，ポテンシャル論，確率論などに応用した．数式を用いずにその華々しい結果を解説するなど，文筆業でも活躍した．太陽系の起源に関する星雲説は，宇宙進化論の先駆とされている．また，決定論的世界像を意味する「ラプラスの悪魔」が有名であり，多くの科学者・哲学者の想像力をかきたてた．

オイラーの略年表 オイラーの 800 を超える著作には，Enestrom によって順番が付けられていて，E○○○ と表記される．

西暦	月日	出来事（著作は著された時期）
1707	4.15	スイス・バーゼルに誕生
1720		バーゼル大学入学
1723		哲学の学位（デカルトとニュートンの対比）
		神学部に進学
		ヨハン・ベルヌーイから最高の教育（自習・質問）
1727		ロシア・ペテルブルグアカデミー
		（エカテリーナ1世－ピョートル2世）
1731		E20 逆数の2乗和の近似値
		E33 新音楽理論の試み
1732		E25 オイラー・マクローリン法
1734		E41 バーゼル問題解決・ゼータ値，第一子誕生
1735		E53 ケーニヒスベルグの橋
1737		E72 オイラー積
1738		病気により右目を失明
1741	7.25	ドイツ・ベルリンに到着（フリードリッヒ大王）
1745		E101, E102 無限解析入門（出版 1748）
1748	7.25	E117 金冠日食の観測
1749		E352 美しい等式（出版 1768）
1750		E230 多面体のオイラー標数
1751		E187 月の運行
1753		E205 世界地図
1760		E343 ドイツ王女への手紙（出版 1768）
1766		ロシア・サンクト・ペテルブルグ
		（エカテリーナ2世）
1771		両目とも失明
1783	9.18	死去

目次

まえがき

1 **オイラーの足跡** $\cdots \log x \sim Z(x)$ — **1**
  1.1 誕生 $\cdots \log x$ 2
  1.2 オイラーの音律 $\cdots \sin x, \cos x$ 4
  1.3 地図と失明 $\cdots \tan x, \cot x$ 7
  1.4 バーゼル問題の解決 $\cdots \zeta(x)$ 11
  1.5 美しい等式 $\cdots Z(x)$ 14
  1.6 太陽系とオイラーの死 20

2 **美しい等式** — **23**
  2.1 疑惑の美しさ 24
  2.2 特別な素数 37 29
  2.3 ベルヌーイ数とゼータ値 35
  2.4 見つからない素数 37 40

3 **最高のパズル** — **43**
  3.1 小さな鍵 44
  3.2 奇妙な誤差 47

4 **三つの対数値** $\cdots \log x$ — **51**
  4.1 最初のリストと最初の誤差 52
  4.2 $\log x$ のパズル 58
  4.3 $\log x$ の解答 61

5 十二の音階 $\cdots \sin x, \cos x$ — 65
- 5.1 オイラーの等式 66
- 5.2 $\sin x, \cos x$ のパズル 74
- 5.3 $\sin x, \cos x$ の解答 80

6 七つの橋 $\cdots \tan x, \cot x$ — 83
- 6.1 ベルヌーイ数再登場 84
- 6.2 $\tan x, \cot x$ のパズル 88
- 6.3 ケーニヒスベルグの橋 91
- 6.4 オイラー標数 97
- 6.5 双対グラフ 99
- 6.6 $\tan x, \cot x$ の解答 100

7 ゼータ・オーケストラ $\cdots \zeta(x)$ — 105
- 7.1 ゼータ関数の姿 107
- 7.2 近似値とオイラー・マクローリン法 109
- 7.3 バーゼル問題と無限解析 114
- 7.4 オイラー積とリーマン予想 117
- 7.5 $\zeta(x)$ のパズル 121
- 7.6 $\zeta(x)$ の解答 131

8 最終パズル — 139
- 8.1 探検家オイラー 140
- 8.2 最終パズル 142
- 8.3 最終解答 147

9	金冠日食 $\cdots Z(x)$	**157**
	9.1 Z の等式の偶然	158
	9.2 金冠日食の偶然	161
	9.3 美しい理由	163
10	新たな謎	**171**
	10.1 岩澤理論とオイラー	173
	10.2 オイラーの太陽系	179
	10.3 最後の謎	184

あとがき　　　　　　　　　　　　　　　　　　　**187**

付録A　ベキ乗和の公式　　　　　　　　　　　　　**191**

付録B　ベルヌーイ数　　　　　　　　　　　　　　**194**

付録C　UBASICプログラム　　　　　　　　　　　**195**

参考文献　　　　　　　　　　　　　　　　　　　　**202**

索引　　　　　　　　　　　　　　　　　　　　　　**203**

1　オイラーの足跡 $\cdots \log x \sim Z(x)$

オイラーの世界地図

1.1　誕生 $\cdots \log x$

オイラーとはいったいどんな人物であり，そしてどんな数学者だったのだろうか．それを知るために，道しるべとなる彼の足跡をいくつかたどってみよう．

1707 年 4 月 15 日，レオンハルト・オイラーはスイスのバーゼルに生まれた．聖職者の父の教育により，幼いころから並外れた暗算力や素晴らしい言語の才能を発揮した．

13 才でバーゼル大学に入学し，父の友人であった世界第一級の数学者ヨハン・ベルヌーイから最高の教育－自学自習および質問の機会－を受けて，ずばぬけた数学の能力を開花させた．一方 16 才でニュートンとデカルトという二人の哲学者をテーマに学位を取得し，父との約束であった聖職者の職につくために神学部に進む．しかしオイラーにとって，目の前に広がる未開拓の数学・科学の世界からの招きはあまりにも強かった．結局，聖職者の道ではなく，数学者・科学者の道に進む．

それは，極めて巨大でしかも極めて小さなこの世界を探究することを意味した．極大のこの宇宙の全体像や極小の生物の感覚器官まで，オイラーはあらゆる対象に興味を示した．こういった多様な対象の大きさを比べるためには，

$$\text{対数関数 } \log x$$

がしばしば用いられる．常用対数値を用いれば，$\log_{10} 10^n = n$ となるので，極大から極小までのすべての対象を手の平の上に表すことができる．実際にオイラーは，さまざまな距離や大きさを『ドイツ王女への手紙』の最初の手紙の中で比べているので，それらを次に示そう．（なお，● は参考のため書き加えたもの）

1 オイラーの足跡 … $\log x \sim Z(x)$

```
|0        |10       |20       |30       |40
・水素原子核の半径
 ・水素原子の半径
       微小な生物
           1フィート
              1マイル
                 地球の半径
                    地球—月
                       地球—太陽
                          目で見える最も遠い恒星 →
                             最も近い恒星 →
                                ・銀河系半径
                                      ・137億年
                                        全宇宙(?)光年
```

　対数値を用いれば，当時はまだ知られていなかった銀河という極大の対象や水素の原子核という極小の対象まで，これほど小さな範囲にまとめることが可能となる．

　われわれが日常で用いている 10 進法という便利な数の表記法は，この常用対数に関係している．たとえば，10^{49} 以上 10^{50} 未満という巨大な整数であっても，

$$10000000000000000000000000000000000000000000000000$$
$$\sim 99999999999999999999999999999999999999999999999999$$

のように，わずか 50 個の数字で表すことができる．すなわち，この表記法での数字の個数が，ほぼ常用対数の値になるわけである．

　数学者・科学者を選んだオイラーは，職業上の聖職者ではなかったが，生涯しきたりを重んじる家庭的な新教徒であり続けた．そして彼は，毎晩のように家族全員を集めて，聖書の各章を説教と共に読んだと伝えられている．きっとオイラーの父が，その家族にしてくれたように．

1.2 オイラーの音律 $\cdots \sin x, \cos x$

オイラーは 24 才の頃,『新音楽理論の試み』と題した論文を, ペテルブルグ・アカデミーに提出している. のちにヨハン・ベルヌーイに宛てた手紙の中で, 彼はこう述べている.

「この論文のなかで, 和声についての真の諸原理が解明されています. 特にこの理論は, 古代の音楽と現代の音楽とが一致することを示しており, $2^m \cdot 3^3 \cdot 5^2$ はプトレマイオスの音組織を説明します」

人間が感じる音の高さや低さは, 耳に届く空気圧の変化の頻度－1 秒あたりの振動回数である周波数 (単位ヘルツ) －によって説明される. 簡単に言うと, 高い音は時間当たりの振動回数が多く, 低い音は少ない. 人間の耳は, おおよそ数十ヘルツから 2 万ヘルツの間の周波数の音を聞き取るといわれる. なお私たちが日常で耳にする音は, さまざまな周波数の音が混ざりあったものである. そしてこれらの波の基本が, 三角関数の

$$\text{正弦関数 } \sin x, \quad \text{余弦関数 } \cos x$$

たちである.

古代から発達してきた楽器は, 弦や筒や棒や革などの物体を用いて, さまざまな周波数を組み合わせた音を産み出している. 楽器の音と雑音とを区別できるのは, 楽器から奏でられる周波数が限定されているためである. そうはいっても, 限定されすぎてその種類が少ないと面白みがない. どのくらいの基本の音を用意すれば, 雑音に聞こえず, しかも面白みのある音楽になるのだろうか.

オイラーは論文の中で, 古典的な整数比による方法で説明している. $2^m \cdot 3^3 \cdot 5^2$ の約数で, 384 から $2 \times 384 = 768$ 未満の自然数は,

$$384, 400, 432, 450, 480, 512, 540, 576, 600, 640, 675, 720$$

の12個である．これが12音階の

$$C, Cs, D, Ds, E, F, Fs, G, Gs, A, B, H \quad (s=\#)$$

に対応するというのである．

これは，半音階上がるごとに周波数を $\sqrt[12]{2} = 1.059\cdots$ ずつ掛け合わせて組み立てられる平均律とは少し異なる．平均律による方法だとCを384とすれば，$384 \times \sqrt[12]{2}^n$ という数列になり，

$$384, 407, 431, 457, 484, 513, 543, 575, 610, 646, 684, 725$$

で与えられる．オイラーの音律と比べると，このオクターブでは10ヘルツ程度異なるものが現れる．

Signa Son.	Soni.		Interualla.	Nomina Interuallorum.	
C	$2^7 \cdot 3$	384	24:25	Hemitonium minus.	
Cs	$2^4 \cdot 5^2$	400	25:27	Limma maius.	
D	$2^4 \cdot 3^3$	432	24:25	Hemiton. minus.	
Ds	$2 \cdot 3^2 \cdot 5^2$	450	15:16	Hemitonium maius.	Genus Diatonico-Chromaticum
E	$2^5 \cdot 3 \cdot 5$	480	15:16	Hemitonium maius.	
F	2^9	512	128:135	Limma minus.	
Fs	$2^2 \cdot 3^3 \cdot 5$	540	15:16	Hemitonium maius.	diernum correctum.
G	$2^6 \cdot 3^2$	576	24:25	Hemitonium minus.	
Gs	$2^3 \cdot 3 \cdot 5^2$	600	15:16	Hemitonium maius.	
A	$2^7 \cdot 5$	640	128:135	Limma minus.	
B	$3^3 \cdot 5^2$	675	15:16	Hemitonium maius.	
H	$2^4 \cdot 3^2 \cdot 5$	720	15:16	Hemitonium maius.	
c	$2^8 \cdot 3$	768			

オイラーの12音階の周波数

オイラーが素数 2, 3, 5 の積による音律を提案したとき，彼の師であったヨハン・ベルヌーイの息子であり優れた数学者でもあったダニエル・ベルヌーイは，以下のような疑問をとなえた．
「移調や他の長所も考慮して音階の数列は選ばれるべきであり，幾何数列（平均律の数列）は感知される限りにおいて音を精密に与えている．一般項 $2^n \cdot 3^m \cdot 5^p$ がほとんどすべての音階を与えることができるというのは一観察事実にすぎず，オイラーの音律は受け入れられるかどうか疑問である」
　これに対してオイラーは，次のような反論をした．
「私の一般項は単なる一観察事実というだけにとどまらず，B 調が少し異なる以外は最新の正確な音律と完全に一致する．幾何数列にしたがう分割では，真の協和からあまりに外れるので，不都合である」
　さらにこれに対しダニエルは，実際に音楽家と共に鍵盤楽器の調律を企てた上で，オイラーに対し懐疑的な意見を繰り返す．
「知覚されないような差が問題となるときは，和声だけに注意するべきではない」

　その後オイラーの音律が人々に広く受け入れられなかったことを考えると，ダニエルが主張したことは正しいと言わざるを得ない．しかし，なぜオイラーは人間があまり感知できないような差を不都合としたのだろうか．
　もちろん彼が，人間が聴く場合でもその差は大きいと考えていた可能性はある．だが，オイラーが整数をこよなく愛した数学者であることを考慮に入れれば，他の考え方もあるかもしれない．すなわち，和音がもつ調和の根拠は周波数の整数比にあるのだから，その真の調和から少しでも遠ざかることは，どうにも認めがたいことだったのではないだろうか．

1.3 地図と失明 $\cdots \tan x, \cot x$

オイラーは20代後半から，カムチャッカ探検やロシア地図の作成など「地理」の仕事を多くかかえていた．33才のオイラーは，ゴールドバッハ宛の手紙の中でこう述べている．

「地理学は私にとって致命的です．あなたもご存知のように，地理学のせいで私は片目を失いました．今また同じ目に遭おうとしています．今朝，調査すべき1枚の地図が送りつけられ，あらたな不快感を感じました．この種の仕事では，大きな範囲を一度に見渡すことを余儀なくされるので，単に本を読んだり書いたりするより遥かに目をいためるのです」

オイラーは，こういった地図の作成という実際的な仕事にもたずさわっており，46才の頃にはドイツのアカデミーから世界地図が出版されている．

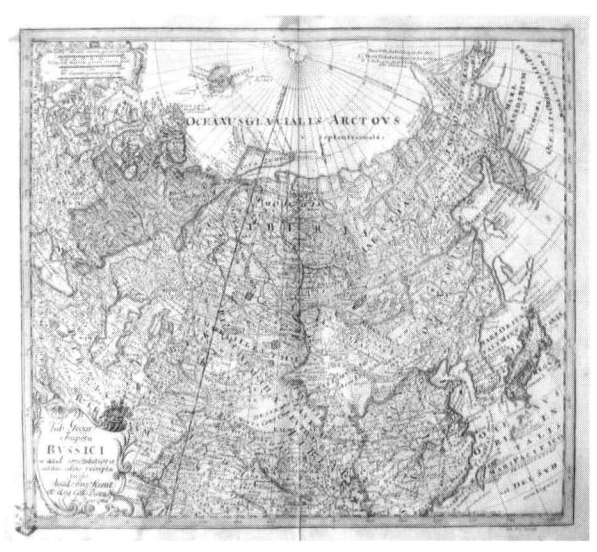

オイラーのロシア地図

この地図はその世界地図の中の一枚で，カムチャツカをふくむロシアを中心とした地図である．

地図の作成のために必要となるのが，立体を平面に投影する技法である．この際に，

$$\text{正接関数 } \tan x, \quad \text{余接関数 } \cot x$$

といった三角関数の知識が必要不可欠になる．たとえばメルカトル図法では，球面を赤道を取り巻く円筒に投影する方法を用いている．

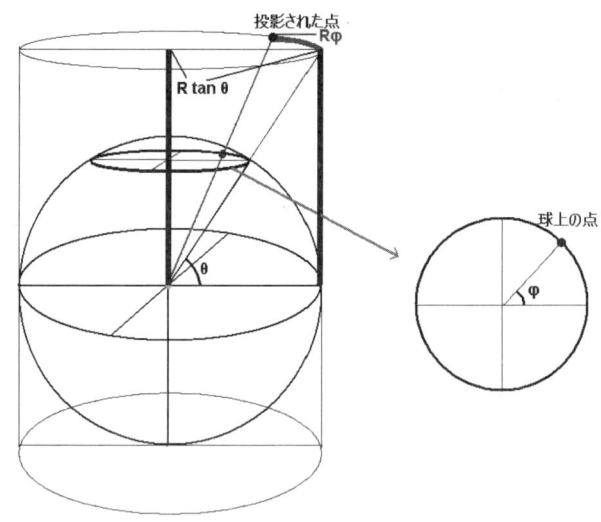

極座標と投影の説明

このとき，半径 R の球面の極座標表示による点

$$(R\cos\theta\cos\varphi,\ R\cos\theta\sin\varphi,\ R\sin\theta)$$

は，変換公式

$$x = R\varphi, \quad y = R\tan\theta = R\frac{\sin\theta}{\cos\theta}$$

によって, xy-平面に投影される. 一方, 球面上の点を
$$(R\sin\theta\cos\varphi, R\sin\theta\sin\varphi, R\cos\theta)$$
とすれば,
$$x = R\varphi, \quad y = R\cot\theta = R\frac{\cos\theta}{\sin\theta}$$
という変換公式になる.

先ほどの地図の中には, 日本もふくまれている.「松前」「南部」「出羽」「安房」「江戸」「能登」「都」「大津湖」「隠岐」「四国」「長門」「九州」「佐賀」「壱岐」「種子島」「東山道」「東海道」「山陽道」などの地名を見ることができる. 確かに, このような地図を作成するのは, 目にかなりの負担がかかりそうである.

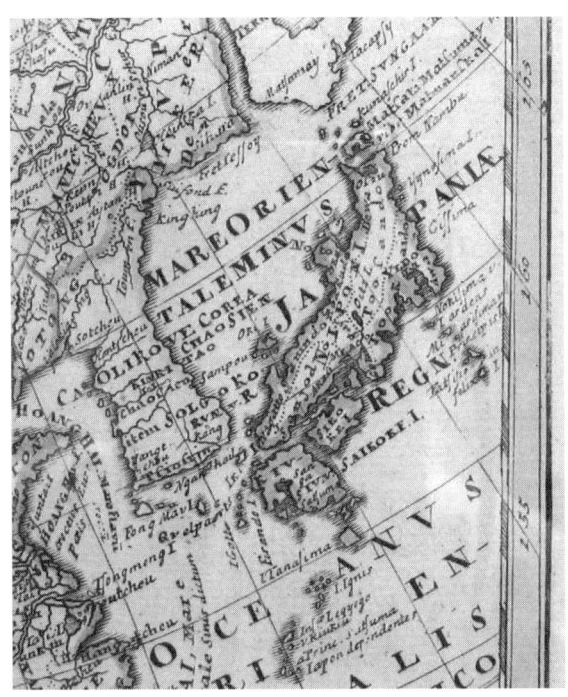

ロシア地図の日本部分

オイラーは失明の原因を地理学としていたが，現在の研究ではオイラーの眼病の理由は 28 才のときにかかった高熱症状をともなう重い病気であるとされている．とはいえ，地図の作成のために，オイラーが多大な労力を要したことは間違いない．

晩年には，残ったもう片方の目も悪化して，60 代半ばにはほぼ全盲になる．自分自身で読んだり書いたりする能力を失ったオイラーは，それでも息子や助手たちの助けを借りて，死の直前までの 10 年あまりの間，素晴しい研究成果を産み出し続けた．全盲になったとされる 1771 年から 1783 年の著作は 350 を超え，全著作の半数近くにのぼる．

失明という運命に対しても，オイラーがなおも前に進み続けたという事実が，多くの著作として残っている．

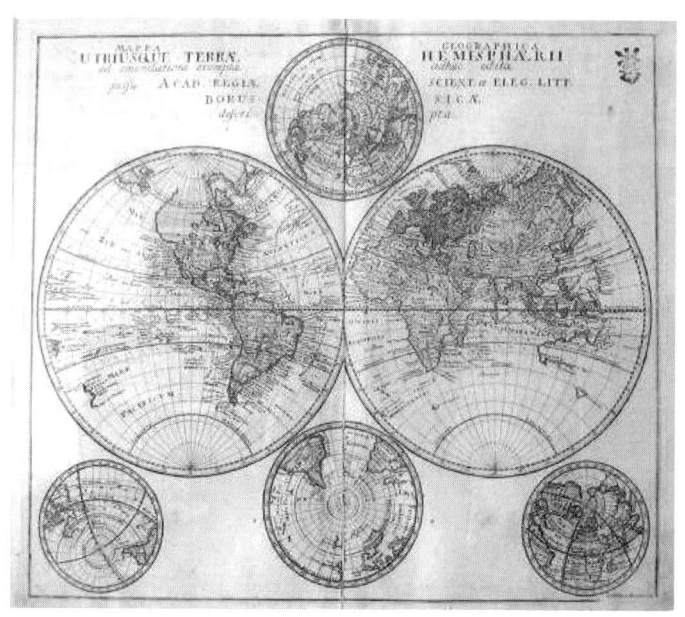

世界地図の最初の 1 枚
アラスカ，オーストラリアにも未調査の地域がある．

1.4　バーゼル問題の解決 $\cdots \zeta(x)$

大ベルヌーイことヤコブ・ベルヌーイは，逆数の 2 乗の無限和を何としても知りたかった．

$$\zeta(2) = 1 + \frac{1}{2^2} + \frac{1}{3^2} + \frac{1}{4^2} + \frac{1}{5^2} + \cdots .$$

彼はバーゼルで著した『無限級数の扱い』にこう書き記した．
「もし，誰かが私たちの努力から逃れていた発見をして報告してくれたなら，私たちはその人に大いに感謝します」
以来これは，バーゼル問題とよばれるようになった．

　このバーゼル問題は，1644 年にメンゴーリが取り上げたのが最初とされており，そうそうたる数学者たちがこの問題に挑戦した．微積分学の創始者のひとりであるライプニッツをはじめ，ベルヌーイ一族，ウォリス，ド・モアヴル，スターリング，ゴールドバッハらが挑戦したが，完全な解決には至らなかった．その近似値は少しずつ求められたが，その正確な値は分からなかった．
　この問題がメンゴーリによって記されてから 90 年あまり後，そして大ベルヌーイによって記されてから 40 年あまり後，ついに若き数学者オイラーが決定的な解答を与えた．オイラーが 27 才の頃だった．
「私も，何度試みても，それらの和に対する近似値しか得られませんでした．… しかるに，今回まったく思いもかけず，逆数の 2 乗和の優雅な公式が発見できました．それは円積に関係しているのです」
なんとバーゼル問題の答えは，$\frac{\pi^2}{6}$ であった．不思議なことに，有理数たちの無限の和から円周率 π の 2 乗が現れたのだった．この記念すべき値は，オイラーが 1734 年から 1735 年に著した論文の中で，円周率を p として次のように記されている．

> equalis summae illius cum sui triente. Qu
> erit $1 + \frac{1}{4} + \frac{1}{9} + \frac{1}{16} + \frac{1}{25} + \frac{1}{36} +$ etc. $= \frac{p^2}{6}$, i
> us seriei summa per 6 multiplicata aequalis

オイラーがこの快挙をなしとげたとき，大ベルヌーイの弟にしてオイラーの数学の師であったヨハン・ベルヌーイは，すでに兄がこの世を去ってしまったことを残念がったという．この優雅な公式，そしてそれを発見した若き愛弟子を，ヨハンは兄に見せたかったのだろう．

バーゼル問題を解決した後も，オイラーはこの逆数のベキ乗和の値を次々に求め続ける．そして，偶数 k のベキ乗和が，

$$(k \text{ごとに変化する有理数}) \times \pi^k$$

という形をしていることを確かめる．さらにオイラーは，これらの有理数を求め続けた結果，ある不思議な素数に偶然出会う．それは，逆数のベキ乗和の有理数の分子にはじめて現れた素数だった．オイラーはその不思議な素数を書き記して，数値リストの最後を締めくくった．その素数とは，

12乗和の分子に現れる素数 691 である．

なぜオイラーは，この数値で最後を締めくくったのだろうか．この疑問は，本書が追い求めるテーマに実は密接に関係している．それというのも，オイラーの原理を解明するための重要な鍵が，この「偶然の出会い」の中にあると考えられるためである．彼は幾度も重要な「偶然の出会い」を体験した．

次章以降では，私個人のさまざまな「偶然の出会い」について触れている．それは，各個人の「偶然の出会い」こそが極めて重要であることを，1つの小さな実例によって確かめるためである．

ゼータ値のリスト1

$$1 + \frac{1}{2^2} + \frac{1}{3^2} + \frac{1}{4^2} + \frac{1}{5^2} \text{ etc.} = \frac{p^2}{6} = P$$

$$1 + \frac{1}{2^4} + \frac{1}{3^4} + \frac{1}{4^4} + \frac{1}{5^4} \text{ etc.} = \frac{p^4}{90} = Q$$

$$1 + \frac{1}{2^6} + \frac{1}{3^6} + \frac{1}{4^6} + \frac{1}{5^6} \text{ etc.} = \frac{p^6}{945} = R$$

$$1 + \frac{1}{2^8} + \frac{1}{3^8} + \frac{1}{4^8} + \frac{1}{5^8} \text{ etc.} = \frac{p^8}{9450} = S$$

$$1 + \frac{1}{2^{10}} + \frac{1}{3^{10}} + \frac{1}{4^{10}} + \frac{1}{5^{10}} \text{ etc.} = \frac{p^{10}}{93555} = T$$

$$1 + \frac{1}{2^{12}} + \frac{1}{3^{12}} + \frac{1}{4^{12}} + \frac{1}{5^{12}} \text{ etc.} = \frac{691 p^{12}}{6825 \cdot 93555} = V.$$

12までのゼータ値 $(p = \pi)$

リーマン ζ（ゼータ）関数

$$\zeta(x) = 1 + \frac{1}{2^x} + \frac{1}{3^x} + \frac{1}{4^x} + \frac{1}{5^x} + \cdots.$$

x が整数のときの値を ζ（ゼータ）値とよぶ．

1.5 美しい等式 $\cdots Z(x)$

42才の頃オイラーは, 論文『ベキ乗和と逆数のベキ乗和の美しい関係についての注意』(1749年著, 1768年出版) の中で, バーゼル問題に関連した2つの無限和たちを☉（太陽）と☾（月）で表した.

$$\odot \;\; \cdot \;\; 1^m - 2^m + 3^m - 4^m + 5^m - 6^m + 7^m - 8^m + \&c.$$

$$\leftmoon \;\; \cdot \;\; \frac{1}{1^n} - \frac{1}{2^n} + \frac{1}{3^n} - \frac{1}{4^n} + \frac{1}{5^n} - \frac{1}{6^n} + \frac{1}{7^n} - \frac{1}{8^n} + \&c.$$

以降, 2つの式を1つの関数の正の部分と負の部分として表そう. つまり, 上の式を $Z(m)$, 下の式を $Z(-n)$ で表し, それぞれの値を**太陽の Z 値**, **月の Z 値**とよぶことにする. オイラーは, 太陽と月の Z 値がみたす美しい関係を, 以下の1つの式にまとめた.

$$\frac{1 - 2^{n-1} + 3^{n-1} - 4^{n-1} + 5^{n-1} - 6^{n-1} + \&c.}{1 - 2^{-n} + 3^{-n} - 4^{-n} + 5^{-n} - 6^{-n} + \&c.} = \frac{-1 \cdot 2 \cdot 3 \cdots (n-1)(2^n - 1)}{(2^{n-1} - 1)\pi^n} \cos \frac{n\pi}{2}.$$

ここで注意するべきことがある. 太陽の Z 値は, そのまま足したり引いたりして求めると値が収束しない. もちろんオイラーは, この論文の中でそのことに触れており, 以下のような定義であると述べている.

$$\begin{aligned} Z(m) &= 1^m - 2^m + 3^m - 4^m + 5^m - 6^m + \cdots \\ &= \lim_{x \to 1-0}(1^m - 2^m x + 3^m x^2 - 4^m x^3 + \cdots) \end{aligned}$$

$$\begin{aligned} Z(-n) &= \frac{1}{1^n} - \frac{1}{2^n} + \frac{1}{3^n} - \frac{1}{4^n} + \frac{1}{5^n} - \frac{1}{6^n} + \cdots \\ &= \lim_{x \to 1-0}(1^{-n} - 2^{-n} x + 3^{-n} x^2 - 4^{-n} x^3 + \cdots). \end{aligned}$$

1　オイラーの足跡 $\cdots \log x \sim Z(x)$

オイラーは 0 以上の整数 m に対し，無限和の関数が以下のような有理関数によって，具体的に表されることを示した．

$$1 - x + x^2 - x^3 + \&c. = \frac{1}{1+x},$$

$$1 - 2x + 3x^2 - 4x^3 + \&c. = \frac{1}{(1+x)^2},$$

$$1 - 2^2 x + 3^2 x^2 - 4^2 x^3 + \&c. = \frac{1-x}{(1+x)^3},$$

$$1 - 2^3 x + 3^3 x^2 - 4^3 x^3 + \&c. = \frac{1-4x+xx}{(1+x)^4},$$

$$1 - 2^4 x + 3^4 x^2 - 4^4 x^3 + \&c. = \frac{1-11x+11xx-x^3}{(1+x)^5},$$

$$1 - 2^5 x + 3^5 x^2 - 4^5 x^3 + \&c. = \frac{1-26x+66xx-26x^3+x^4}{(1+x)^6},$$

$$1 - 2^6 x + 3^6 x^2 - 4^6 x^3 \; \&c. = \frac{1-57x+302xx-302x^3+57x^4-x^5}{(1+x)^7},$$
$$\&c.$$

ここで両辺に $x = 1$ を代入すれば，$Z(m)$ の値が具体的に求まる．

$$1 - 2^0 + 3^0 - 4^0 + 5^0 - 6^0 + \&c. = \tfrac{1}{2}$$
$$1 - 2 + 3 - 4 + 5 - 6 + \&c. = \tfrac{1}{4}$$
$$1 - 2^2 + 3^2 - 4^2 + 5^2 - 6^2 + \&c. = 0$$
$$1 - 2^3 + 3^3 - 4^3 + 5^3 - 6^3 + \&c. = -\tfrac{2}{16}$$
$$1 - 2^4 + 3^4 - 4^4 + 5^4 - 6^4 + \&c. = 0$$
$$1 - 2^5 + 3^5 - 4^5 + 5^5 - 6^5 + \&c. = +\tfrac{16}{64}$$
$$1 - 2^6 + 3^6 - 4^6 + 5^6 - 6^6 + \&c. = 0$$
$$1 - 2^7 + 3^7 - 4^7 + 5^7 - 6^7 + \&c. = -\tfrac{272}{256}$$
$$1 - 2^8 + 3^8 - 4^8 + 5^8 - 6^8 + \&c. = 0$$
$$1 - 2^9 + 3^9 - 4^9 + 5^9 - 6^9 + \&c. = +\tfrac{7936}{1024}. \&c.$$

さらにオイラーは，現在オイラー・マクローリン法とよばれている計算方法（アルゴリズム）を用いて，これらの値の意味づけや近似値を高速に求める方法を示している．ここでも，有効なアルゴリズムを探し出す天才アルゴリストとしてのオイラーの姿を，はっきりと見ることができる．

オイラーは「美しい等式」を整数の場合に確かめたが，彼をもってしても，すべての実数（複素数）に対し完全に証明することはできなかった．そして，論文の中で次のように書き記した．

「この等式の完全なる証明は，
必ずや他の多くのこの性質の研究に
大いなる光を与えるだろう」

オイラーが「美しい等式」を書き記した後，100年もの間，この等式の真の美しさは眠り続けた．1849年に2人の数学者がこの等式に触れたときでさえ，明らかにそれを単なる珍奇とみなしたという．

再びこの等式の真の美しさを見出したのは，若き天才数学者リーマンだった．数論において最も意義深い予想となる「リーマン予想」を書き記すとともに，コーシーらによって展開された複素関数論を駆使して，ゼータ関数の主要な性質を導いた．

オイラーの言葉は，完全に正しかった．彼のすさまじい洞察力は，いったいどこまでこの関数の深さを見抜いていたのだろうか．

―― ゼータ関数たち $\zeta(x)$ と $Z(x)$ の関係 ――

本書では，リーマンの ζ 関数と区別するために，Z の記号を用いている．そのため，変数の正負が通常の $\zeta(x)$ の記述とは入れ替わっていることに注意してほしい．2つの関数の関係は，以下のように表される．

$$\zeta(x) = 1 + 2^{-x} + 3^{-x} + 4^{-x} + 5^{-x} + 6^{-x} + \cdots$$
$$Z(x) = 1 - 2^x + 3^x - 4^x + 5^x - 6^x + \cdots$$

$$Z(x) = (1 - 2^{1+x})\zeta(-x).$$

この等式を確かめるために，$\zeta(-x)$ を $2 \cdot 2^x$ 倍すると，

$$2 \cdot 2^x \zeta(-x) = \quad 2 \cdot 2^x \quad + 2 \cdot 4^x \quad + 2 \cdot 6^x + \cdots.$$

ここで，$\zeta(-x) - 2 \cdot 2^x \zeta(-x)$ を求めると，

$$(1 - 2 \cdot 2^x)\zeta(-x) = 1 - 2^x + 3^x - 4^x + 5^x - 6^x + \cdots$$
$$= Z(x)$$

となって関係式が導かれる．

無限和が収束しない $\zeta(x)$ に対しては，上の式の逆をたどって，$Z(-x)$ から $\zeta(x)$ が定められると考えよう．$Z(-x)$ は，先に述べたように極限値として単純に定義される．

このように ζ 値と Z 値は密接に関係しているので，これらをまとめて**ゼータ値**とよぶことにする．

$\zeta(k)$ と月のゼータ値 $Z(-k)$ の関係

Car fuppofant les fommes de ces féries | j'ai trouvé

$$1 + \frac{1}{2^2} + \frac{1}{3^2} + \frac{1}{4^2} + \&c. = A\pi^2 \quad \Big| \quad A = \tfrac{1}{6},$$

$$1 + \frac{1}{2^4} + \frac{1}{3^4} + \frac{1}{4^4} + \&c. = B\pi^4 \quad \Big| \quad B = \tfrac{2}{5}A^2,$$

$$1 + \frac{1}{2^6} + \frac{1}{3^6} + \frac{1}{4^6} + \&c. = C\pi^6 \quad \Big| \quad C = \tfrac{4}{7}AB,$$

$$1 + \frac{1}{2^8} + \frac{1}{3^8} + \frac{1}{4^8} + \&c. = D\pi^8 \quad \Big| \quad D = \tfrac{4}{9}AC + \tfrac{2}{9}B^2,$$

$$1 + \frac{1}{2^{10}} + \frac{1}{3^{10}} + \frac{1}{4^{10}} + \&c. = E\pi^{10} \quad \Big| \quad E = \tfrac{4}{11}AD + \tfrac{4}{11}BC,$$

&c. | &c.

d'où je conclus pour les féries de notre feconde efpece, en faifant varier alternativement les fignes

$$1 - \frac{1}{2^2} + \frac{1}{3^2} - \frac{1}{4^2} + \frac{1}{5^2} - \frac{1}{6^2} + \&c. = \frac{2-1}{2^1}A\pi^2$$

$$1 - \frac{1}{2^4} + \frac{1}{3^4} - \frac{1}{4^4} + \frac{1}{5^4} - \frac{1}{6^4} + \&c. = \frac{2^3-1}{2^3}B\pi^4$$

$$1 - \frac{1}{2^6} + \frac{1}{3^6} - \frac{1}{4^6} + \frac{1}{5^6} - \frac{1}{6^6} + \&c. = \frac{2^5-1}{2^5}C\pi^6$$

$$1 - \frac{1}{2^8} + \frac{1}{3^8} - \frac{1}{4^8} + \frac{1}{5^8} - \frac{1}{6^8} + \&c. = \frac{2^7-1}{2^7}D\pi^8$$

$$1 - \frac{1}{2^{10}} + \frac{1}{3^{10}} - \frac{1}{4^{10}} + \frac{1}{5^{10}} - \frac{1}{6^{10}} + \&c. = \frac{2^9-1}{2^9}E\pi^{10}$$

$$1 - \frac{1}{2^{12}} + \frac{1}{3^{12}} - \frac{1}{4^{12}} + \frac{1}{5^{12}} - \frac{1}{6^{12}} + \&c. = \frac{2^{11}-1}{2^{11}}F\pi^{12},$$

&c.

1 オイラーの足跡 $\cdots \log x \sim Z(x)$

───── 太陽のゼータ値 $Z(m)$ との関係 ─────

$m=0$: $1 - 1 + 1 - 1 + 1 - $ &c. $= \frac{1}{2}$

$m=1$: $1 - 2 + 3 - 4 + 5 - 6 + $ &c. $= +1 \frac{(2^2-1)}{2} A,$

$m=2$: $1 - 2^2 + 3^2 - 4^2 + 5^2 - 6^2 + $ &c. $= 0,$

$m=3$: $1 - 2^3 + 3^3 - 4^3 + 5^3 - 6^3 + $ &c. $= -1.2.3 \frac{(2^4-1)}{2^3} B,$

$m=4$: $1 - 2^4 + 3^4 - 4^4 + 5^4 - 6^4 + $ &c. $= 0,$

$m=5$: $1 - 2^5 + 3^5 - 4^5 + 5^5 - 6^5 + $ &c. $= +1.2\ldots 5 \cdot \frac{(2^6-1)}{2^5} C,$

$m=6$: $1 - 2^6 + 3^6 - 4^6 + 5^6 - 6^6 + $ &c. $= 0,$

$m=7$: $1 - 2^7 + 3^7 - 4^7 + 5^7 - 6^7 + $ &c. $= -1.2\ldots 7 \cdot \frac{(2^8-1)}{2^7} D,$

$m=8$: $1 - 2^8 + 3^8 - 4^8 + 5^8 - 6^8 + $ &c. $= 0,$

$m=9$: $1 - 2^9 + 3^9 - 4^9 + 5^9 - 6^9 + $ &c. $= +1.2\ldots 9 \cdot \frac{(2^{10}-1)}{2^9} E,$

$m=10$: $1 - 2^{10} + 3^{10} - 4^{10} + 5^{10} - 6^{10} + $ &c. $= 0,$

&c.

1.6 太陽系とオイラーの死

　1783 年 9 月 18 日朝，オイラーはいつものように過ごした．孫のひとりに勉強を教え，昼食のときにはハーシェルが 1781 年 3 月 13 日に発見した天王星の軌道について，助手たちと議論をおこなった．

　オイラーは，われわれが肉眼で見ることができる星たちの領域は，全宇宙に比べれば微小なものだと推理していた．地球に対する砂粒のように小さな存在ではないかと『ドイツ王女への手紙』に書き記している．それでも彼は，この小さな太陽系の小さな出来事に強い関心をもっていた．この自分が生まれ育った太陽系に，いったいどのような惑星，彗星，衛星が巡っているのか．さらには，それらの惑星や衛星に大気はあるのかどうか．その正否を知るために，物体の運動を精密に計算する方法を確立し，実際にいくつかの惑星や衛星にその方法を適用することによって，ある特別な現象を観測できる一瞬をずっと待ち続けた．それは理論だけでどうにかなる問題ではなかった．待ち続けて，本当にその現象が観測できるかどうかを調べなければ，分からない問題だった．だから彼は，ずっとその日が来るのを待ち続けた．

　17 時頃，彼はお茶を飲みに孫のところに行った．ソファーにすわってパイプでタバコをふかしていたが，突然パイプが手からすべり落ちた．「私のパイプが」とさけんだという．落ちたそのパイプを拾い上げようとしてかがみこんだが，それは果たせなかった．「死ぬ」という言葉を残し，その後意識を回復することはなかった．
　76 年 5 ヶ月 3 日の間，オイラーは生きて計算を愛し続けた．この日彼は，永遠に計算することと生きることをやめた[*]．

---

　[*]Condorcet による故オイラーへの賛辞

─── ドイツ王女への手紙 ───

科学・哲学の啓蒙書として, 1760-62年に著され1768年に出版された. さまざまな言語に翻訳され, 多くの国々の人々から好評を博した. 残念ながら, 邦訳書は2007年の現時点では存在しない. この著書には, オイラーの謎を読み解く鍵が数多く残されている.

―――― オイラーをめぐる人々 3 ――――

カール・フリードリヒ・ガウス (1777-1855)
「オイラーの著作を勉強するのは,
数学のさまざまな領域における最良の訓練であって,
他の何事にもかえがたい」

　オイラーを称賛したのはラプラスだけではない.この大数学者ガウスも,オイラーから多くを学んだ.彼は,ドイツ・ブラウンシュヴァイクに生まれ,幼くして並外れた数学的才能を示した.大公の保護を受けて,ゲッチンゲン大学に学び,代数学の基本定理を証明してヘルムシュテット大学で学位を得る.正17角形の定木とコンパスによる作図可能性を発見したことが,数学者になる決断をした理由だと伝えられる.純粋数学の方面では,数論,非ユークリッド幾何,超幾何級数,複素関数論,楕円関数論,応用数学の方面では,天文学,測地学,電磁気学への多大なる貢献がある.
　「数学は科学の女王であり,数論は数学の女王である」という言葉を残した.

2　美しい等式

オイラー全集の一部

2.1 疑惑の美しさ

オイラーは，論文の題名の中で，太陽と月の Z 値の関係を「美しい」と言いきった．800 近い著作の中でも，「美しい」という形容詞が用いられた題名はこれだけである．

参考のために，オイラーの論文の題名に用いられている主観的な形容詞を挙げてみよう．「insignis（著しい，注意を引く）」7（19）篇，「memorabilis（記憶すべき，注目すべき）」2（19）篇，「elegant（優雅な）」1（2）篇，「abstrusus（かくされた，解けない）」0（2）篇，「remarquable(注目すべき)」0（2）篇．括弧内は，オイラーが亡くなった 1783 年以降の出版をふくめたものである．なお，フリードリッヒ大王向けに高等数学の有用性を説いたとされる論文では，数学全般に対して「sublimis（崇高な）」という形容詞が用いられている．また，無神論者に反論するための論文では，「gottlichen（神聖な）」という形容詞が用いられている．生前に出版されたオイラーの著作が 500 を超えることを考えれば，彼が著作の題名に主観的な形容詞を付けるのは，極めて稀なことであったことが分かる．

3 年前，私は「太陽と月の美しい等式」を眺めながら，とりとめもないことを考えていた．オイラーのような鋭い洞察力をもった天才が，ここまで感情をあらわにするというのはいったいどういうことなのだろうか．この等式のどこに美しさを見出したのだろうか．確かに興味深い式には思えるが，それほど美しいとは思えなかった．

☉と☾の記号をじっと眺めてみた．不意に，本物の太陽と月のことが思い浮かんだ．本物の太陽と月が一緒に並ぶ・・・．もしかすると，この等式は日食を意味しているのではないだろうか．これは単なる思いつきではあったが，調べてみる価値があると思った．

インターネット上で検索して，過去の日食について調べてみると，NASA が公開しているデータにたどり着いた．そして，論文が著され

2 美しい等式

た 1749 年周辺の日食のデータから, 次の金冠日食（A＝Annular eclipse, 05m12s＝5 分 12 秒）を探し出した.

  1748 Jul 25 11:27 A 48.7N 24.6E 05m12s

当時オイラーが住んでいたベルリンの位置は 52.52N（北緯）13.40E（東経）だから, この 48.7N　24.6E はかなり近い. これがオイラーが見た日食ではないかと推測した.

 ではオイラーは, 本当にこの金冠日食を見ていたのだろうか. その答えは, 再びネットでの検索ですぐに分かった. 実はオイラーは, ずっと以前にこの金冠日食を観測できる場所と時間を計算していた. その計算を用いて描かれたのが, 次ページの図である. この日食を観測できる場所が, 4 つの半球の投影図によって示されている. ヨーロッパを中心とした金冠日食であった. さらにオイラーは, その金冠日食の観測を行った結果を, 2 本の論文にして出版していた.

 この思いつき自体は, たわいもないことだったかもしれない. けれども, 極めて大事なことを学んだ気がした. まず, オイラーが数学者であると同時に天文学者でもあったということだ. オイラーのような人間を本当に理解したいと願うならば, もっと広く彼について学ばねばならないと感じた. さらに, オイラーが相当なパズル好きであることも推理できた.「美しい等式」の論文は日食の翌年の 1749 年に書かれたものだが, 実際に出版されたのは 1768 年である. 論文には日食のことは書かれておらず, この論文と 1748 年の金冠日食とは関連付けが難しい. そもそも Z 値を太陽と月によってたとえること自体が, パズルになっている. いったいどこがどのように似ており, なぜ美しいのかを読者に問いかけている.

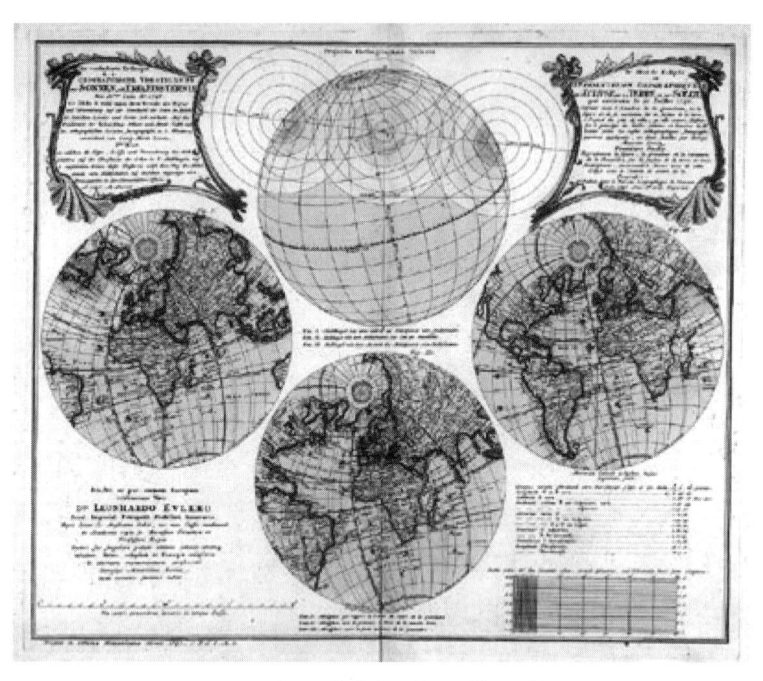

1748 年の金冠日食の通り道 I

　その後さらに，金冠日食に関係するオイラーの興味深い行動を知った．オイラーはアカデミー設立のために，ドイツに招かれてベルリンに移住した．その移動の旅程が 1741 年 6 月 19 日から 7 月 25 日であった．すなわち，金冠日食のちょうど 7 年前に新天地に姿を現したのだ．彼自身が 1748 年の金冠日食をいつどこで観測できるかを計算していたのだから，これを単なる偶然で済ませるわけにはいかない．この金冠日食にオイラーは大きな期待を抱いていたのだろう．

その一方で，Z値たちを太陽と月にたとえたことに関しては，まだ納得できなかった．太陽や月は，地球上のすべての生物にとってなくてはならないものである．さらに，金冠日食は定地点では数十年に一度くらいしか見られないほどの稀な現象だから，美しく感じるかもしれない．しかし，なぜZ値をかけがえのない太陽や月といった重要な天体にたとえることができたのかは，疑問のままだった．単に値が大きくなったり小さくなったりするだけなら，他の関数の値であっても良いはずだ．オイラーがZ値をかけがえのない重要な値だと考えているように思えた．

　確かに，現代の整数論研究者であれば，ゼータ関数の究めつくせない不思議を2つ知っている．1つはリーマン予想の不思議，もう1つはゼータ値の不思議である．もしかすると当時すでにオイラーは，どちらかの不思議に気づいていたのではないだろうか．もしそうだったとすれば，私も納得できる．究めつくせないほどの不思議な内容をもった関数の値だからこそ，太陽や月にたとえても決して見劣りはしない．

　私が注目したのは，ゼータ値のほうだった．なぜならオイラーは，バーゼル問題の解決以来，ゼータ値をずっと先の値まで求め続けていたからだ．そこまで計算したのだから，オイラーがその不思議に気がついていた可能性は高いと思った．ただ，その不思議に気がついていたのならば，ある素数の発見を宣言するのが自然に思えた．ゼータ値に関係する著作は数多くあるので，インターネット上のサイトから原論文の複写ファイルを数多くダウンロードして調べてみたが，それは見つからなかった．見つからなかったその素数とは，最小の非正則素数37のことである．

1748年の金冠日食の通り道 II

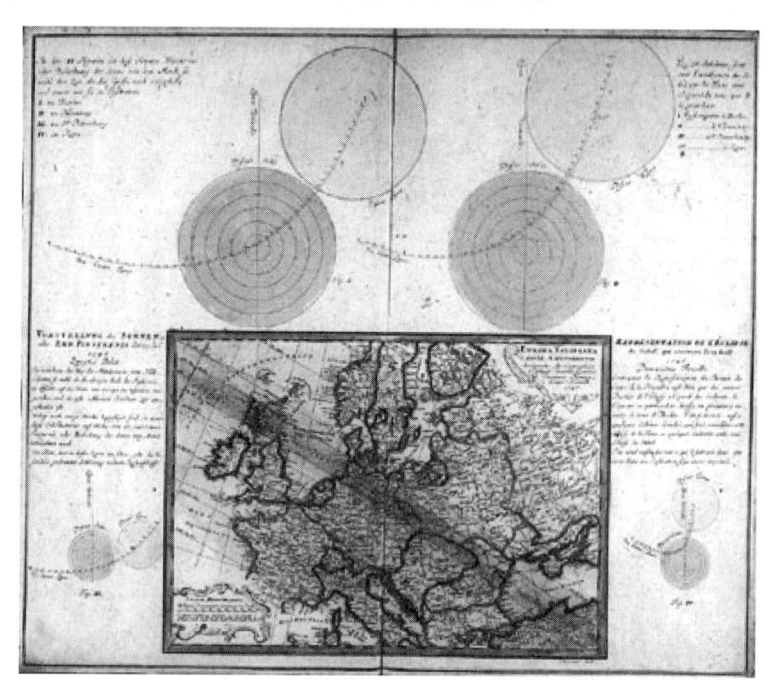

　この金冠日食は，ロシアのサンクト・ペテルブルグでは観測不可能であり，ドイツのベルリンでは観測可能だった．オイラーが新天地を求めた理由には，ロシアにおける学問・政治・安全上の問題などさまざまな要因が考えられている．そこでなぜドイツを選んだのかという理由の1つには，この金冠日食を観測できるということがあったのではないだろうか．

2.2 特別な素数 37

　37 が特別な素数であることを私がはじめて知ったのは，大学院生のときだった．土曜日のセミナーで院の指導をしていただいた N 先生から，ベルヌーイ数に現れる素数の「周期性」について，じっくり学ぶことができた．

　ベルヌーイ数は，高校で学ぶ「ベキ乗和の公式」を一般化すると自然に現れる．たとえば，0 乗和，1 乗和，2 乗和の公式は，

$$1^0 + 2^0 + 3^0 + \cdots + n^0 = n$$

$$1^1 + 2^1 + 3^1 + \cdots + n^1 = \frac{1}{2}n^2 + \frac{1}{2}n$$

$$1^2 + 2^2 + 3^2 + \cdots + n^2 = \frac{1}{3}n^3 + \frac{1}{2}n^2 + \frac{1}{6}n$$

で与えられる．0 乗和の公式の n の係数 1 が 0 番目のベルヌーイ数 B_0 であり，1 乗和の公式の n の係数 $\frac{1}{2}$ が 1 番目のベルヌーイ数 B_1 であり，2 乗和公式の n の係数 $\frac{1}{6}$ が 2 番目のベルヌーイ数 B_2 である．この公式の一般化である k 乗和の公式は，以下のように組み合わせの数 $_mC_n$ とベルヌーイ数 B_n を用いて表される．（解説は付録 A）

---
k 乗和の公式

$$1^k + 2^k + 3^k + \cdots + n^k$$
$$= \frac{_kC_0 B_0}{k+1}n^{k+1} + \frac{_kC_1 B_1}{k}n^k + \cdots + \frac{_kC_k B_k}{1}n^1.$$

ここで $_mC_n$ は，階乗 $n! = 1 \cdot 2 \cdot 3 \cdots (n-1) \cdot n$ を用いて，

$$_mC_n = \frac{m!}{n!(m-n)!}$$

と表される. ただし, $0! = 1$ とする. m, n が小さいときには, 以下のような対応となる.

$$
\begin{array}{cccccc}
{}_0C_0 & & & & & & 1 \\
{}_1C_0 & {}_1C_1 & & & & & 1 & 1 \\
{}_2C_0 & {}_2C_1 & {}_2C_2 & & & & 1 & 2 & 1 \\
{}_3C_0 & {}_3C_1 & {}_3C_2 & {}_3C_3 & & = & 1 & 3 & 3 & 1 \\
{}_4C_0 & {}_4C_1 & {}_4C_2 & {}_4C_3 & {}_4C_4 & & 1 & 4 & 6 & 4 & 1 \\
{}_5C_0 & {}_5C_1 & {}_5C_2 & {}_5C_3 & {}_5C_4 & {}_5C_5 & 1 & 5 & 10 & 10 & 5 & 1
\end{array}
$$

さらに次の漸化式によって, 上の段の値から下の段の値を次々に求めることができる.

$$_{m-1}C_{n-1} + {}_{m-1}C_n = {}_mC_n.$$

一方, n の係数に現れる k 番目のベルヌーイ数 B_k は, 次の漸化式* によって次々に求めることができる.

$$_{k+1}C_0 B_0 + {}_{k+1}C_1 B_1 + \cdots + {}_{k+1}C_k B_k = k+1.$$

実際にこの漸化式を用いて, B_0, B_1, B_2 を求めてみよう.

$$
\begin{array}{lll}
k=0 & 1 \cdot B_0 = 1 & \cdots B_0 = 1 \\
k=1 & 1 \cdot B_0 + 2 \cdot B_1 = 2 & \cdots B_1 = \frac{1}{2} \\
k=2 & 1 \cdot B_0 + 3 \cdot B_1 + 3 \cdot B_2 = 3 & \cdots B_2 = \frac{1}{6}.
\end{array}
$$

さらに, 11 番目までのベルヌーイ数は, 以下のように計算される.

$$B_0 = 1 \quad B_1 = \frac{1}{2} \quad B_2 = \frac{1}{6} \quad B_3 = 0 \quad B_4 = -\frac{1}{30} \quad B_5 = 0$$

$$B_6 = \frac{1}{42} \quad B_7 = 0 \quad B_8 = -\frac{1}{30} \quad B_9 = 0 \quad B_{10} = \frac{5}{66} \quad B_{11} = 0.$$

---

*k 乗和の公式で $n=1$ として, 両辺を $k+1$ 倍すると得られる. (付録 A)

2 美しい等式

これらの有理数たちを用いて，日本が誇る和算家・関孝和は 11 乗和までの公式を導き，また同時代のヨーロッパが誇る数学者・大ベルヌーイ（ヤコブ・ベルヌーイ）は 10 乗和までの公式を独立に導いたとされている．だから本来は，関・ベルヌーイ数とよばれるべきだろう．ただし，彼らが具体的に与えたのは B_{11} までであって，B_{12} の値は書き残していないことに注意してほしい．この値は

$$B_{12} = -\frac{691}{2730}$$

となり，分子に 691 という奇妙な素数が現れる．

k 乗和の公式は，n が大きい場合にその威力を発揮する．$n = 1000$，$k = 10$ としてみよう．k 乗和の公式の左辺をそのまま計算すると，1000 項の和を求めなければならない．ところが，右辺のベルヌーイ数を用いた計算だと，たった 11 項の和で

$$1^{10} + 2^{10} + 3^{10} + \cdots + 999^{10} + 1000^{10}$$
$$= 91409924241424243424241924242500$$

が求まってしまう．これは大ベルヌーイが実際に計算して得た値であり，このアルゴリズムのありがたみが分かる．

具体的なベルヌーイ数の値を調べると，1 番目を除く奇数番目のベルヌーイ数がすべて 0 になっていることに気づく．この事実は，第 6 章 1 節で定義されるベルヌーイ数の母関数がほぼ偶関数になることから証明できる．では，偶数番目のベルヌーイ数がいったいどんな有理数なのかを予測できるだろうか．そのためには，それぞれの番号で割った値を分母と分子に分けると考えやすい．まずは，比較的単純な分母を見てみよう*．

---

*付録 B:48 番目までのベルヌーイ数を参照．

$\dfrac{B_k}{k}$ の分母

k	分母	素因数分解
2	12	$2^2 \cdot 3$
4	120	$2^3 \cdot 3 \cdot 5$
6	252	$2^2 \cdot 3^2 \cdot 7$
8	240	$2^4 \cdot 3 \cdot 5$
10	132	$2^2 \cdot 3 \cdot 11$
12	32760	$2^3 \cdot 3^2 \cdot 5 \cdot 7 \cdot 13$
14	12	$2^2 \cdot 3$
16	8160	$2^5 \cdot 3 \cdot 5 \cdot 17$
18	14364	$2^2 \cdot 3^3 \cdot 7 \cdot 19$
20	6600	$2^3 \cdot 3 \cdot 5^2 \cdot 11$
22	276	$2^2 \cdot 3 \cdot 23$
24	65520	$2^4 \cdot 3^2 \cdot 5 \cdot 7 \cdot 13$
26	12	$2^2 \cdot 3$
28	3480	$2^3 \cdot 3 \cdot 5 \cdot 29$
30	85932	$2^2 \cdot 3^2 \cdot 7 \cdot 11 \cdot 31$
32	16320	$2^6 \cdot 3 \cdot 5 \cdot 17$
34	12	$2^2 \cdot 3$

　分母には, 素数 p が周期 $p-1$ で必ず現れている. より詳しく言えば, k が $(p-1)p^{a-1}$ で割れるときに限り, 分母は p^a で割れる. だから, 素数表さえあれば, この分母の表は簡単に作ることができる. 周期的に素数のベキを配置していけば良いからだ.

　次は, より複雑な分子の方に目を向けてみよう. 今度はそんなに簡単なものではない.

2 美しい等式

$$\frac{B_k}{k} \text{ の分子}$$

k	$\pm$	分子	素因数分解
2	$+$	1	
4	$-$	1	
6	$+$	1	
8	$-$	1	
10	$+$	1	
12	$-$	691	691
14	$+$	1	
16	$-$	3617	3617
18	$+$	43867	43867
20	$-$	174611	$283 \cdot 617$
22	$+$	77683	$131 \cdot 593$
24	$-$	236364091	$103 \cdot 2294797$
26	$+$	657931	657931
28	$-$	3392780147	$9349 \cdot 362903$
30	$+$	1723168255201	$1721 \cdot 1001259881$
32	$-$	7709321041217	$37 \cdot 683 \cdot 305065927$
34	$+$	151628697551	151628697551

この表をどんなに熱心に調べてみても，分子にどんな素数が現れるのか，まったく見当がつかないに違いない．さらに思いもよらないことだが，実は分子のほうにも分母と似たような規則性があることが証明できる．もしこの表をもっと先まで作ったとすれば，12番目に現れる素数691が，$12+690=702$番目にまたしても現れ，さらに$12+690+690=1392$番目にも現れる．つまり，ある素数がひとたび現れると，$p-1$の周期で無限回現れることになるが，素数pが0番目から$p-3$番目までに現れないと以降もまったく現れない．

ただし，その素数が分子に現れるかどうかは，実際に計算してみないと分からない．分母では必ずどの素数もいずれ現れるが，分子では現れる素数とまったく現れない素数の2つに分かれてしまう．分子に現れない素数は正則素数とよばれ，分子に現れる素数は非正則素数とよばれている．2, 3, 5, 7, 11, 13, 17, 19, 23, 29, 31 などの素数は，分子に決して現れることがない正則素数である．

実は，全ての非正則素数の中で，
最小の素数が 37 なのである．

さらに，2番目に小さい非正則素数が59であり，3番目に小さい非正則素数が67である．100以下の非正則素数は，この3つしかない．

数値計算によって，現在1000万を超えるような素数まで，それらが正則素数か否かということが調べられている．計算データによると，正則素数の割合は約6割，非正則素数の割合は残りの約4割である．ところが，非正則素数が無限個存在するという証明は与えられているが，正則素数が無限個存在するという証明は今のところ見つかっていない．

無限の非正則素数の中で，37という最小の非正則素数は，32番目の分子の中で仲間の非正則素数 683 と 305065927 とともに，あらゆる時代にあらゆる場所でずっと輝き続けている．どのような考えをもった人間であろうと，どのような計算方法を用いようと，出てくる答えはいつも同じだ．この不思議で小さな素数は，好奇心に満ちあふれた探検家を永遠に待ち続けている．

ベルヌーイ数に隠された非正則素数という究めつくせない不思議－その最小の素数が 37 である．なぜこの素数が最小に選ばれたのかは，どうやっても説明がつかないこと－つまり不思議に思える．

2.3 ベルヌーイ数とゼータ値

注意深い読者は，691 という素数が 12 のゼータ値に現れ，さらに 12 番目のベルヌーイ数にも現れたことに気づいたかもしれない．実はこれらの値は密接に関係している．有限和の公式に現れたベルヌーイ数が，興味深いことに無限和のゼータ値にも現れている．具体的には，k を正の偶数とするとき，以下の等式が成立している．

$$\begin{cases} \zeta(1-k) &= -\dfrac{B_k}{k} \\ Z(k-1) &= (1-2^k)\zeta(1-k) \\ &= \dfrac{(2^k-1)B_k}{k}. \end{cases}$$

$$\begin{cases} \zeta(k) &= \dfrac{2^{k-1}}{k!}|B_k|\pi^k \\ Z(-k) &= (1-2^{1-k})\zeta(k) \\ &= \dfrac{2^{k-1}-1}{k!}|B_k|\pi^k. \end{cases}$$

すなわち，ベルヌーイ数の不思議は，ゼータ値の不思議でもある．

オイラーはバーゼル問題を解決した後も，このゼータ値を求め続けている．27 才頃の論文では 12 まで，38 才頃の教本『無限解析入門』では 26 まで，さらに 42 才頃の論文では 34 までのゼータ値をしっかり書き記している．これらの値を手計算で求めるのは，決して楽な作業ではない．単純な分数計算を，A4 用紙数十枚にぎっしり埋め尽くすほどに何度も何度も繰り返す必要がある．

最初の論文では 12 のゼータ値に 691 という素数が現れることを示し，41 才頃に著した教本『微分計算教程』では 30 までのベルヌーイ数の分子を因数分解しており，それらの素数に興味をもっているよう

に思える．そして 34 までのゼータ値を示す直前では，「私がこれまで計算した限りを示す」と宣言している．その言葉は，最小の非正則素数 37 を探し出すためには $34 = 37 - 3$ まで計算すれば良いこと，つまり分子の素数の周期性についてオイラーが分かっていたことを暗示しているようにも思えた．それというのも，26 までしかゼータ値を記していなかった『無限解析入門』では，「いくつかの値を書き添えておく」としか述べておらず，それぞれの数値リストに対する記述が対照的に思えたからだ．

　ゼータ値に現れる無限の素数の中で最も小さな素数 37 は，私にとってとても不思議な素数だった．この素数は，単純な数式の中から忽然と姿を現した最小の宝石であり星のようでもあった．オイラーは 34 までの値を確実に求めていたのだから，あとは 32 のゼータ値の分子を 37 で割りさえすればよかった．こんな簡単な計算をオイラーはなぜしなかったのか．目の前に輝く素数を見過ごすような凡庸な計算家だったのだろうか．それともゼータ値に現れる素数を不思議だと感じない鈍感な数学者だったのだろうか．

　それまでに，オイラーのすさまじい洞察力を多くの論文から何度も感じていた私には，いずれも信じられないことだった．けれども，どの論文や教本を調べてみても，書き残しておくべき素数 37 は見つからなかった．見つからない以上は，オイラーが凡庸な計算家であり，鈍感な数学者であったと思わざるを得ない．何かがおかしいように思えた．しかし，それ以上の手がかりはつかめなかった．

2　美しい等式

ゼータ値2

$$1 + \frac{1}{2^2} + \frac{1}{3^2} + \frac{1}{4^2} + \frac{1}{5^2} + \&c. = \frac{2^0 \cdot 1}{1.2.3} \pi^2$$

$$1 + \frac{1}{2^4} + \frac{1}{3^4} + \frac{1}{4^4} + \frac{1}{5^4} + \&c. = \frac{2^2}{1.2.3.4.5} \cdot \frac{1}{3} \pi^4$$

$$1 + \frac{1}{2^6} + \frac{1}{3^6} + \frac{1}{4^6} + \frac{1}{5^6} + \&c. = \frac{2^4}{1.2.3....7} \cdot \frac{1}{3} \pi^6$$

$$1 + \frac{1}{2^8} + \frac{1}{3^8} + \frac{1}{4^8} + \frac{1}{5^8} + \&c. = \frac{2^6}{1.2.3....9} \cdot \frac{3}{5} \pi^8$$

$$1 + \frac{1}{2^{10}} + \frac{1}{3^{10}} + \frac{1}{4^{10}} + \frac{1}{5^{10}} + \&c. = \frac{2^8}{1.2.3.....11} \cdot \frac{5}{3} \pi^{10}$$

$$1 + \frac{1}{2^{12}} + \frac{1}{3^{12}} + \frac{1}{4^{12}} + \frac{1}{5^{12}} + \&c. = \frac{2^{10}}{1.2.3.....13} \cdot \frac{691}{105} \pi^{12}$$

$$1 + \frac{1}{2^{14}} + \frac{1}{3^{14}} + \frac{1}{4^{14}} + \frac{1}{5^{14}} + \&c. = \frac{2^{12}}{1.2.3.....15} \cdot \frac{35}{1} \pi^{14}$$

$$1 + \frac{1}{2^{16}} + \frac{1}{3^{16}} + \frac{1}{4^{16}} + \frac{1}{5^{16}} + \&c. = \frac{2^{14}}{1.2.3.....17} \cdot \frac{3617}{15} \pi^{16}$$

$$1 + \frac{1}{2^{18}} + \frac{1}{3^{18}} + \frac{1}{4^{18}} + \frac{1}{5^{18}} + \&c. = \frac{2^{16}}{1.2.3.....19} \cdot \frac{43867}{21} \pi^{18}$$

$$1 + \frac{1}{2^{20}} + \frac{1}{3^{20}} + \frac{1}{4^{20}} + \frac{1}{5^{20}} + \&c. = \frac{2^{18}}{1.2.3....21} \cdot \frac{1222277}{55} \pi^{20}$$

$$1 + \frac{1}{2^{22}} + \frac{1}{3^{22}} + \frac{1}{4^{22}} + \frac{1}{5^{22}} + \&c. = \frac{2^{20}}{1.2.3...23} \cdot \frac{854513}{3} \pi^{22}$$

$$1 + \frac{1}{2^{24}} + \frac{1}{3^{24}} + \frac{1}{4^{24}} + \frac{1}{5^{24}} + \&c. = \frac{2^{22}}{1.\ 2.\ 3.........25} \cdot \frac{1181820455}{273} \pi^{24}$$

$$1 + \frac{1}{2^{26}} + \frac{1}{3^{26}} + \frac{1}{4^{26}} + \frac{1}{5^{26}} + \&c. = \frac{2^{24}}{1.\ 2.\ 3.........27} \cdot \frac{76977927}{1} \pi^{26}.$$

『無限解析入門』における13個のゼータ値（26まで）

―― ゼータ値3 ――

$$\frac{\mathfrak{a}}{3} = \frac{1}{6} = \mathfrak{A}$$

$$\frac{\mathfrak{b}}{5} = \frac{1}{30} = \mathfrak{B}$$

$$\frac{\gamma}{7} = \frac{1}{42} = \mathfrak{C}$$

$$\frac{\delta}{9} = \frac{1}{30} = \mathfrak{D}$$

$$\frac{\varepsilon}{11} = \frac{5}{66} = \mathfrak{E}$$

$$\frac{\zeta}{13} = \frac{691}{2730} = \mathfrak{F}$$

$$\frac{\eta}{15} = \frac{7}{6} = \mathfrak{G}$$

$$\frac{\theta}{17} = \frac{3617}{510} = \mathfrak{H}$$

$$\frac{\iota}{19} = \frac{43867}{798} = \mathfrak{I}$$

$$\frac{\varkappa}{21} = \frac{174611}{330} = \mathfrak{K} = \frac{283.617}{330}$$

$$\frac{\lambda}{23} = \frac{854513}{138} = \mathfrak{L} = \frac{11.131.593}{2.3.23}$$

$$\frac{\mu}{25} = \frac{236364091}{2730} = \mathfrak{M}$$

$$\frac{\nu}{27} = \frac{8553103}{6} = \mathfrak{N} = \frac{13.657931}{6}$$

$$\frac{\xi}{29} = \frac{23749461029}{870} = \mathfrak{O}$$

$$\frac{\pi}{31} = \frac{8615841276005}{14322} = \mathfrak{P}$$

&c.

30番目までのベルヌーイ数 B_k の絶対値
分子の不完全な素因数分解が見られる.

ゼータ値 4

$$A = \frac{2^0 \cdot 1}{1 \cdot 2 \cdot 3},$$

$$B = \frac{2^2 \cdot 1}{1 \cdot 2 \cdots 5 \cdot 3},$$

$$C = \frac{2^4 \cdot 1}{1 \cdot 2 \cdots 7 \cdot 3},$$

$$D = \frac{2^6 \cdot 3}{1 \cdot 2 \cdots 9 \cdot 5},$$

$$E = \frac{2^8 \cdot 5}{1 \cdot 2 \cdots 11 \cdot 3},$$

$$F = \frac{2^{10} \cdot 691}{1 \cdot 2 \cdots 13 \cdot 105},$$

$$G = \frac{2^{12} \cdot 35}{1 \cdot 2 \cdots 15 \cdot 1},$$

$$H = \frac{2^{14} \cdot 3617}{1 \cdot 2 \cdots 17 \cdot 15},$$

$$I = \frac{2^{16} \cdot 43867}{1 \cdot 2 \cdots 19 \cdot 21},$$

$$K = \frac{2^{18} \cdot 1222277}{1 \cdot 2 \cdots 21 \cdot 55},$$

$$L = \frac{2^{20} \cdot 854513}{1 \cdot 2 \cdots 23 \cdot 3},$$

$$M = \frac{2^{22} \cdot 1181820455}{1 \cdot 2 \cdots 25 \cdot 273},$$

$$N = \frac{2^{24} \cdot 76977927}{1 \cdot 2 \cdots 27 \cdot 1},$$

$$O = \frac{2^{26} \cdot 23749461029}{1 \cdot 2 \cdots 29 \cdot 15},$$

$$P = \frac{2^{28} \cdot 8615841276005}{1 \cdot 2 \cdots 31 \cdot 231},$$

$$Q = \frac{2^{30} \cdot 84802531453387}{1 \cdot 2 \cdots 33 \cdot 85},$$

$$R = \frac{2^{32} \cdot 90219075042845}{1 \cdot 2 \cdots 35 \cdot 3}$$

17 個のゼータ値(34 まで)を与える有理数
第 1 章 5 節のリストの続き

2.4 見つからない素数37

「オイラーは，素数37をどこかに書き残していませんか」
私は，ずっと疑問だったことをK先生に思いきって質問した．2年前の春，東京で開かれた整数論シンポジウムの懇親会でのことだった．先生は，オイラーの数学，そしてゼータ関数に関して高名な数学者である．

懇親会では，さまざまな年代の参加者たちがビールやワインあるいはウーロン茶を飲み，なごやかに談笑していた．

「それはまだ全集になっていない書簡や手稿の中に，ということですか」
おだやかな中にも興味をもっておられる声だった．

「ええ…」

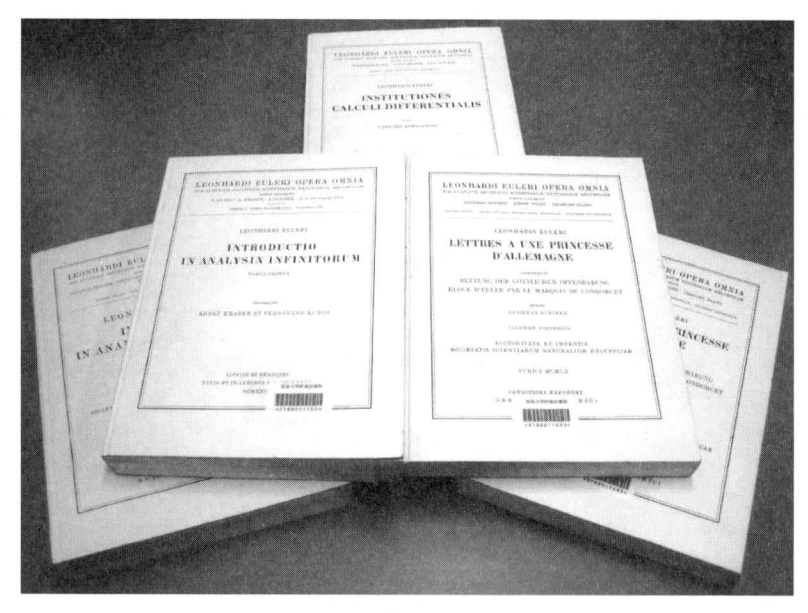

オイラー全集のうちの5冊

自信はなかったが，ひとまずそう答えてしまった．本音を言うと，あの膨大なオイラー全集のどこかに非正則素数のことが暗示されていないとは断言できない．数学30巻,力学・天文学32巻,物理学・雑録12巻,書簡・手稿10巻あまり，しかもそれぞれの巻は300〜700ページという巨大な全集である．1911年から刊行が開始されたものの，未だに完結をみない．図書館の書庫にあるこの全集の前を通り過ぎるたびに，ひとりの人間の偉大な情熱を感じる．

「どうでしょうか．私は今まで聞いたことはないのですが」
そうK先生はおっしゃりながらも,可能性は否定しないでおられる気がした．そして話題は,ロシアのオイラー研究所や一般化されたリーマン予想に広がっていった．

オイラー研究所があるサンクト・ペテルブルグは，美しい古都であるらしい．オイラーから多大なる遺産を受け取っている理工学者は多いにもかかわらず，研究所の設立はわずか二十年前である．ぜひとも「オイラー」の名の通り，多様な分野における研究活動の拠点になってもらいたいものだ．

リーマン予想は，数論で最も意義深いとされる難解な予想である．解決すればクレイ研究所から百万ドルを獲得できるが，きっと解決した名誉の方が重たいに違いない．この予想は，多様な方向に発達したゼータ関数に対しても，その類似の問題を考えることができる．数学者はこのような予想を解決するために，多くの道具を開発したり,新たなアイデアを導入したりしてきた．そのおかげで,数学は素晴らしい発展を遂げてきた．

オイラーやリーマンが産み出した数学は，限りない高みと果てしない広がりをもっている．そして，究めつくせない不思議が,私たちの心を魅了する．にぎやかなその席で，とりとめもなくそんなことを考えていた．

―― オイラーをめぐる人々 4 ――

フェルディナント・ゲオルク・フロベニウス (1849-1917)
「オイラーは完全な天才と
なるべき性質を1つだけ欠いている.
すなわち不可解であるという性質」

ドイツ・ベルリン近郊のキリスト新教徒の家庭に生まれる. ゲッチンゲン大学に入学し, クロネッカー, クンマーらの講義を聴講し, ワイエルシュトラスのもとで博士号を取得する. 有限群論, 群の表現論, 指標理論, 二次形式論, フロベニウス群, フロベニウス写像などで知られる.

3 最高のパズル

『無限解析入門』の巻頭の「P」

3.1 小さな鍵

　私は，高松と徳島を結ぶ高徳線の汽車の中にいた．この路線はいまだに電化されていない．その汽車の中で，オイラーの古い教本『無限解析入門』のコピーをずっと眺めていた．私は半ばあきらめつつも，最小の非正則素数 37 を探していた．私の目の前には数値データが 22 個並んでいた．

　数値データは小数点以下 23 桁という精度だった．それにしても，どうしてオイラーはこんな厳密な値を求めたのだろう．23 桁という精度は，日常生活にはまず必要とされない．巨大な天体と微小な原子を比較するような場合に，ようやく現れる精度である．具体的に表してみよう．太陽と地球との距離は約 1 億 5 千万キロメートルだから 150000000000 メートルになり，水素原子の半径（実験値）は約 0.05 ナノメートルだから 0.00000000005 メートルになる．太陽と地球という長大な距離を 1 という単位にしても，10^{-23} は水素原子の半径の約 30 分の 1 程度にしかならない．現代科学でも，これほどの精度が必要となることはほとんどない．

　「オイラーの論文には間違いが多い」とよく語られる．この言葉がそのリストにもあてはまっていた．22 個の数値データのうちのたった 1 個だが，0.00000000000000000001998 の誤差があった．これ以外のリストにも，数十個にのぼる数値データに誤差があることを知っていた．オイラーのような天才計算家でもこんなに多くの間違いを犯したことに，同じ計算家として半ば同情していた．実際，「オイラーはあまりにも多くを産み出したために，間違いも多いのだ」としばしば語られている．だがオイラーの間違いの中には，必ずしも間違いとはいえないような例があることも知っていた．19 世紀には否定されたものの，現代数学では正当化される議論がいくつかある．ふと疑問が浮かんだ．

誤差によって，オイラーは何かを伝えたかったのでは？

厳密な正確さを至上とする数学者にとっては，こんな考えは容易には受け入れられないかもしれない．しかし，オイラーが第一級の計算家であることを考えると，私には間違いが多すぎることが奇妙に思えてきた．計算家ならば，間違いを少なくする方法は分かっている．独立に計算して，それらを比べれば良いだけの話だ．2回独立に計算して同じ間違った値が現れることなど，ほとんどありえない．

1998 をひとまず素因数分解してみようと思った．これは整数論研究者の習性だ．自然数は素因数分解の一意性により，素数たちの掛け算でただ一通りに表される．まるで分子が原子たちから構成されているように，自然数は素数たちから構成されている．数字から 1998 は 2 や 3 で割れることがすぐに分かるが，私が探していた素数は 37 だった．小学生の頃に戻ったような気持ちで，1998 を 37 で割ってみた．たった 6 行の計算だ．すると商は 54, 余りは 0, すなわち 37 は 1998 を割りきった．

$$
\begin{array}{r}
54 \\
37\,\overline{\smash{)}\,1998} \\
185 \\
\hline
148 \\
148 \\
\hline
0
\end{array}
$$

そのとき，外の風景が少しだけ変わった気がした．この数が 37 で割りきれたことは，確率がおよそ 37 分の 1 の単なる偶然かもしれない．だが私にとってこの非正則素数の 37 は，ここ数年ずっと探し続けていた

素数だった.オイラーがどこかに隠していると思い続けていた素数だった.もしオイラーがこの素数を教本の中に隠したのだとすれば,他の大量の誤差の意味とは何なのか.この先にいったい何が待っているのか.

私は窓の外のずっと遠くを見ながら,オイラーの真意を探りはじめていた.

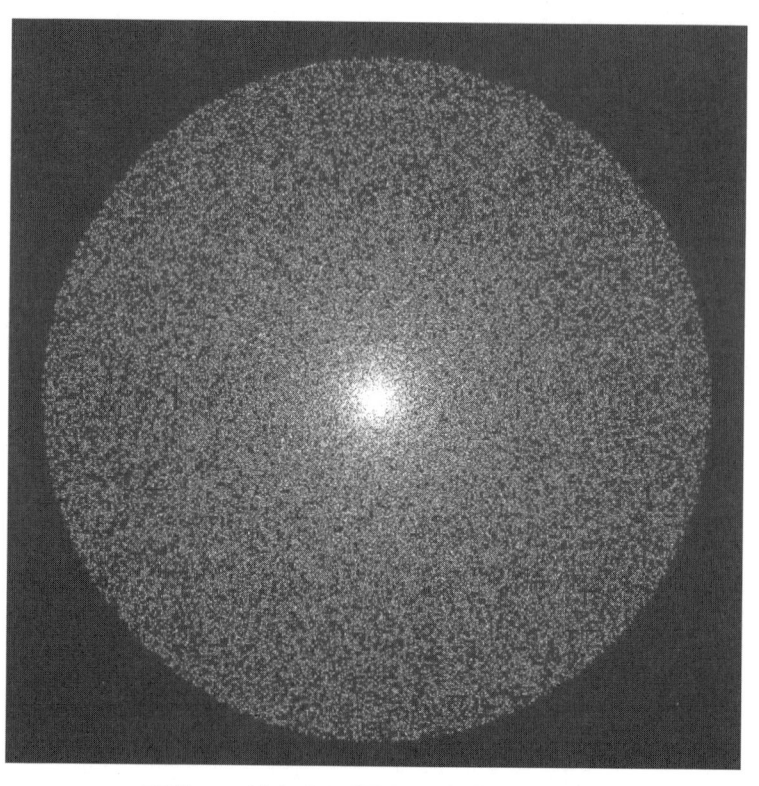

素数 37 が中心に輝く Z の非正則素数
(解説は最終章)

3.2 奇妙な誤差

『無限解析入門』（2巻組）は，オイラーの解析学における最初の教本である．彼の著名な解析学3部作の第1部に当たる．この教本のリストには，60を超える数値データに誤差がふくまれていた．これらの誤差がいったいなぜ生じてしまったのか，2つの考え方があると思った．1つ目は，間違いは単なる偶然によるものだとする考え方だ．オイラーは誤植に気づかなかったか，検算をしなかったことになる．2つ目は，間違いはオイラーの意図によるものだとする考え方だ．オイラーは何らかの目的により，正しい値にわざわざ誤差を加えたことになる．

この世の中に氾濫する間違いのほとんどは，前者に違いなかった．後者のように，正しい値をわざわざ間違った値に変えるなどということは，まず普通の人間ならば考えもつかないからだ．けれども，ここはもっと慎重に考えるべきだと思った．なぜなら，オイラーは普通の人間とは到底言えそうにもなかったからだ．彼は普通の人間なら考えもつかない行動をした．これまで見てきたように，彼は誰も解けなかった問題を一気に解決したり，関数の値たちを太陽や月にたとえたり，日常生活や科学で必要としない精密な値をどこまでも求め続けたりといった，普通では考えつかないことを繰り返していた．しかも，ここ数千年の人類の歴史の中でも，彼は最高クラスの天才計算家とよべる人間だった．彼が最も得意とする計算の分野で，最も高度なパズルを出題して，後世の計算家に挑戦したいという動機は考えられなくもなかった．

もちろん私は，最初から誤差を意図的なものだと決めつけるわけにはいかなかった．単なる偶然の間違いである可能性を，かなりの時間をかけて考察する必要があった．まず，間違いが各数値の最終桁付近のみに偏っていることから誤植という可能性は低く，計算ミスの可能性が考えられた．オイラー全集ではほとんどのオイラーの計算ミスについて訂正が記されており，どこに大きな誤差があるのか一目で分かっ

た．ただし，編集者たちは数値を四捨五入の値で求めているようで，オイラーが意図していた切捨ての値*とは最終一桁が微妙に異なってしまう．そのため，結局もう一度自分で数値を求めなおす必要があった．

そこで私は，教本に書き記された計算方法を再現しつつ，その計算の一部を変更することで，リストに現れた誤差が生じないか調べてみた．けれども，どのリストの誤差に関しても，それらが産み出された理由を統一的に説明することはできなかった．さらに調べを進めていくうちに，あまりにも多くの誤差に奇妙なことが繰り返し起こっていることに気づいてしまった．

未来へのメッセージとしての暗号が隠されている文書には，奇妙なことが起きている．それはなぜなのか説明してみよう．まず，出題者の立場を考えてみる．出題者は，いずれ未来の解答者がその暗号を解いてくれることを期待している．そして，もし解答者がそれらの正解を得たならば，解答者に対してはっきりと「あなたのその解答は正しい」と伝えたい．そのためには，問題以外のどこかにその解答を記しておく必要がある．そうしなければ，単なる偶然として扱われてしまい，出題者は意図的な問題であったことを主張できなくなる．次に，解答者の立場を考えてみる．解答者は，出題者の意図を知らないまま，暗号とその解答がある場所で，出題者による作為的なデータを繰り返し見ることになる．そのため解答者にとっては，奇妙なことが何度も起きているように感じる．それらが出題者の意図であると解答者が確信するまでは，「奇妙なこと」が続くことになる．ここでは，そういった奇妙なデータを2つ紹介しよう．

1つ目は，円周率の対数値に関する奇妙さである．この値は，私が汽車の中で見た22個の数値データを用いれば，簡単に求められることが数値リストの直前に記されている．その計算のために必要な数値の1

---

*次章2節で説明．

3　最高のパズル

つには 0.000000000000000000001998 の誤差があるので，データの直後に記された対数値でもこの誤差の影響によって再び誤差をふくむはずである．ところが，その値は奇妙なことに正しく求められている．一方，教本の第 2 巻に記された同じ円周率の対数値を見ると，今度は 2 桁だけ多く記されている．その 2 桁とは奇妙なことに 37 だ．こうして新たに書き加えられた 37 が，1998 に隠された解答の 37 を記しているのではないかと推測することになる．

　2 つ目は，第 1 巻の間違いのレベルと第 2 巻の間違いのレベルに関する奇妙さである．第 1 巻の間違いの数は確かに多いが，13〜28 桁の精度でほぼ正確に求まっている．ところが第 2 巻では，6 桁〜14 桁という低い精度で，しかも第 1 巻よりはるかに簡単な計算であるにもかかわらず，高い割合で奇妙な間違いが生じている．200 メートル走を 20 秒で走る選手が，100 メートル走を 20 秒以内に走れないといった奇妙さなのである．

　こういった奇妙な誤差と解答らしき数値が，1 個や 2 個ではなく 60 個以上も存在している．私はこれらの奇妙な誤差がオイラーの暗号，そしてパズルであるという可能性に気がついてから，時間をかけて真剣に挑戦することにした．次第に，可能性というおぼろげな思いが確信へと変わり，それらのパズルの中にこめられたオイラーの意図の深さを知るにつれ，彼の知性にまさに驚嘆してしまった．天才的な出題者であるオイラーが与えた暗号は，深い思考に基づいた，まさしく最高の知的パズルになっていた．私は，オイラーに対する思いを新たにした．

オイラーは史上最高クラスの知性の持ち主だ．

確かに現代人のほうが，「知識」はより多く所有しているかもしれない．彼は，銀河系もブラックホールも相対性理論も量子力学も遺伝子工学も知らなかっただろう．しかしそれでもなお，彼がもっていた知性は，時代を超えたかけがえのない宝だと思った．

オイラーは、大切なこれらの数値データを彼自身の手だけで求めたことだろう。その当時はもちろん計算機はなかったからだ。しかし彼は、計算することを心から楽しんだと伝えられている。彼が求めた数値たちの精度をもう一度想像して欲しい。第5章のリストにおける精度 10^{-28} は、太陽から地球までの距離を1にしても、水素の原子核半径の数百分の1程度の大きさに過ぎない。計算機を用いずに、これらの数値を手計算で求められる人はいるだろうか。いや、求めたいと思う人はいるだろうか。

そんなオイラーの天才的な計算力を甘く考えない方が良いだろう。何の説明もなしに、すべての誤差が偶然によって生じたとする主張は、何らの根拠もない気休めに過ぎないことに気づいて欲しい。確かにオイラーは、フロベニウスが述べたように、教本や論文のなかでさまざまな数学・科学について明快に説明してくれた。けれども、それらがオイラーのすべてではない。本書では、彼にも多くの不可解な部分があることを明らかにしようと思う。オイラーは、やはり完全な天才なのだ。

さあ、ここで立ち止まらずに前に進もう。
オイラーは、われわれに最高のパズルを残してくれた。
そのパズルを解くために、彼の素晴らしい数学を学ぼう。
「数学者の中の教師」が産み出した最高の数学だ。
耳と目と頭を使って、生きた数学を学ぼう。

4　三つの対数値 $\cdots \log x$

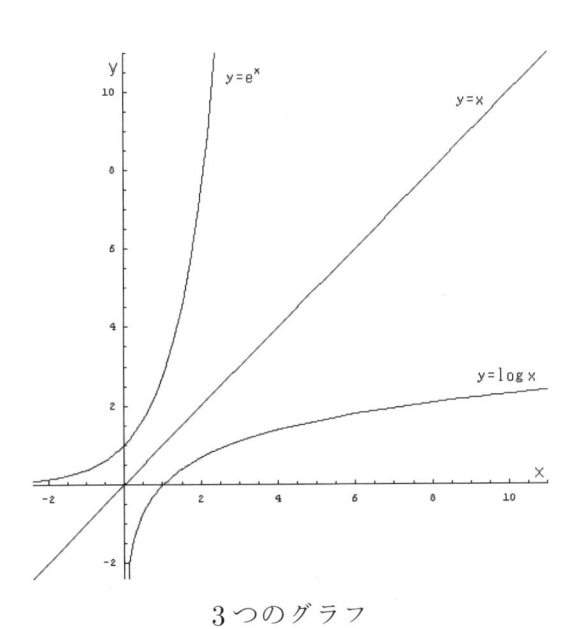

3つのグラフ

4.1 最初のリストと最初の誤差

『無限解析入門』の第 6 章にある最初の数値リストでは，常用対数値 $\log_{10} 5$ の近似値を求めている．

常用対数 $\log_{10} 5$ の近似値

```
        76           DE QUANTITATIBUS
 LIB. I.  A =  1,000000;   lA =  0,  0000000        fit
          B = 10,000000;   lB =  1,  0000000;     C = √AB
          C =  3, 162277;  lC =  0,  5000000;     D = √BC
          D =  5, 623413;  lD =  0,  7500000;     E = √CD
          E =  4, 216964;  lE =  0,  6250000;     F = √DE
          F =  4, 869674;  lF =  0,  6875000;     G = √DF
          G =  5, 232991;  lG =  0,  7187500;     H = √FG
          H =  5, 048065;  lH =  0,  7031250;     I = √FH
          I =  4, 958069;  lI =  0,  6953125;     K = √HI
          K =  5, 002865;  lK =  0,  6992187;     L = √IK
          L =  4, 980416;  lL =  0,  6972656;     M = √KL
          M =  4, 991627;  lM =  0,  6982421;     N = √KM
          N =  4, 997142;  lN =  0,  6987304;     O = √KN
          O =  5, 000052;  lO =  0,  6989745;     P = √NO
          P =  4, 998647;  lP =  0,  6988525;     Q = √OP
          Q =  4, 999350;  lQ =  0,  6989135;     R = √OQ
          R =  4, 999701;  lR =  0,  6989440;     S = √OR
          S =  4, 999876;  lS =  0,  6989592;     T = √OS
          T =  4, 999963;  lT =  0,  6989668;     V = √OT
          V =  5, 000008;  lV =  0,  6989707;     W = √TV
          W =  4, 999984;  lW =  0,  6989687;     X = √WV
          X =  4, 999997;  lX =  0,  6989697;     Y = √VX
          Y =  5, 000003;  lY =  0,  6989702;     Z = √XY
          Z =  5, 000000;  lZ =  0,  6989700;
```

これはオイラー以前に，ブリッグスとブラックが常用対数値の表を作成する際に使用したものである．ここで常用対数の定義を思い出そう．$10^x = y$ となるとき，x を $\log_{10} y$ と表すという定義だった．すると，$a = 10^x$, $b = 10^y$ に対して $ab = 10^{x+y}$ という掛け算が，

$$\log_{10}(ab) = x + y = \log_{10} a + \log_{10} b$$

4 三つの対数値 $\cdots \log x$

として，足し算で表される．これは対数関数の重要な性質である．この性質から，

$$\log_{10}\sqrt{ab} = \frac{1}{2}(\log_{10}\sqrt{ab} + \log_{10}\sqrt{ab}) = \frac{1}{2}\log_{10}(\sqrt{ab})^2$$

$$= \frac{1}{2}\log_{10}(ab) = \frac{\log_{10}a + \log_{10}b}{2}$$

となるので，$\log_{10}1 = 0$ と $\log_{10}10 = 1$ から出発して，2つの数の積の平方根を繰り返し求めて，$\log_{10}5$ に少しずつ近づけていけば良い．ここでは，平方根と足し算と割り算を 22 回ずつ計算して，$\log_{10}5$ の近似値を小数点以下 7 桁まで正確に求めている．

P0（P=Problem） $1/\log_{10}2$

EXPONENTIALIBUS AC LOGARITHMIS. 77
tematum Logarithmicorum erit infinitus. Perpetuo autem in CAP.VI duobus syſtematis Logarithmi ejuſdem numeri eandem inter ſe ſervant rationem. Sit baſis unius ſyſtematis $= a$, alterius $= b$, atque numeri n Logarithmus in priori ſyſtemate $= p$, in poſteriori $= q$; erit $a^p = n$ & $b^q = n$; unde $a^p = b^q$; ideoque $a = b^{\frac{q}{p}}$. Oportet ergo ut Fractio $\frac{q}{p}$ conſtantem obtineat valorem, quicunque numerus pro n fuerit aſſumtus. Quod ſi ergo pro uno ſyſtemate Logarithmi omnium numerorum fuerint computati, hinc facili negotio per regulam auream Logarithmi pro quovis alio ſyſtemate reperiri poſſunt. Sic, cum dentur Logarithmi pro baſi 10, hinc Logarithmi pro quavis alia baſi, puta 2, inveniri poſſunt; quæratur enim Logarithmus numeri n pro baſi 2, qui ſit $= q$, cum ejuſdem numeri n Logarithmus ſit $= p$ pro baſi 10. Quoniam pro baſi 10 eſt $l2 = 0, 3010300$, & pro baſi 2, eſt $l2 = 1$, erit $0, 3010300 : 1 = p : q$ ideoque $q = \frac{p}{0, 3010300} = 3, 3219277. p$, ſi ergo omnes Logarithmi communes multiplicentur per numerum 3, 3219277, prodibit tabula Logarithmorum pro baſi 2.

常用対数値を底が 2 の対数値に変換するためには，それぞれの値を $\log_{10} 2 = 0.3010300\cdots$ で割れば良い．すなわち 3.3219280 を掛ければ良いのだが，オイラーはこんな簡単な割り算 1/0.30103 を間違って 3.3219277 としている．教本の第 6 章の 77 ページにあるこの誤差は，-0.0000003 であり，小数点以下 7 桁の精度である．異なっている数字が 77 であることを記憶しておこう．これが最初の誤差である．

オイラーは続く第 7 章で，$\log n$ の値を $\log \dfrac{1+x}{1-x}$ のマクローリン展開を巧妙に利用して計算している．この計算方法の説明をするために，まずはマクローリン展開から説明しよう．無限回微分可能な関数 $f(x)$ が，次のように x のベキ乗の無限和として表示されたとしよう．

$$f(x) = a_0 + a_1 x + a_2 x^2 + \cdots + a_n x^n + \cdots.$$

(a_i は定数，x は 0 の周辺)

このとき，両辺を n 回微分して，$x=0$ とすれば，

$$f^{(n)}(0) = a_n n!$$

となる．すなわち，もし上のような形に表せたとすると，

$$\begin{aligned} f(x) &= \sum_{n=0}^{\infty} \frac{f^{(n)}(0)}{n!} x^n \\ &= f(0) + f'(0)x + \frac{f''(0)}{2}x^2 + \frac{f^{(3)}(0)}{6}x^3 + \frac{f^{(4)}(0)}{24}x^4 + \cdots \end{aligned}$$

と表されなければならない．一見この右辺は，高次の微分係数のような難しい値が現れているので，人工的な表示に見える．ところがこの無限和による表示こそ，関数の滑らかさをどこまでも追求した自然な表現なのである．なおこの等式は，いかなる x に対しても成立するという等式ではなく，$|x| < R$ といった限定された範囲でしか成立しない場合もある．もし $R = \infty$ であれば，すべての実数で成り立つことを意味する．

4 三つの対数値 $\cdots \log x$

さらに，この表示の一般化である「$x = a$ におけるテイラー展開」は，以下のように表される．

$$\begin{aligned} f(x) &= \sum_{n=0}^{\infty} \frac{f^{(n)}(a)}{n!}(x-a)^n \qquad (|x-a| < R) \\ &= f(a) + f'(a)(x-a) + \frac{f''(a)}{2}(x-a)^2 \\ &\quad + \frac{f^{(3)}(a)}{6}(x-a)^3 + \frac{f^{(4)}(a)}{24}(x-a)^4 + \cdots . \end{aligned}$$

すなわちマクローリン展開とは，「$x = 0$ におけるテイラー展開」のことである．先ほどの議論で $x = 0$ のかわりに $x = a$，x^n のかわりに $(x-a)^n$ とすれば，テイラー展開の表示が得られる．

このテイラー展開の a を変化させながら，関数の定義域をひろげていくことを解析接続という．この解析接続こそ実解析関数を複素関数に滑らかに拡張する自然な方法である．

オイラーは，『無限解析入門』において，このように表される関数，つまり解析関数を扱っている．本書に現れる対数関数，三角関数，指数関数，ガンマ関数，ゼータ関数などは，すべて解析関数である．

ここで，対数関数の $x = a$ におけるテイラー展開を求めよう．

$$f(x) = \log x, \quad f'(x) = \frac{1}{x} = x^{-1}, \quad f^{(2)}(x) = -x^{-2},$$

$$f^{(3)}(x) = 1 \cdot 2 x^{-3}, \quad f^{(4)}(x) = -1 \cdot 2 \cdot 3 x^{-4}$$

であることから，同様に微分を続ければ

$$\begin{aligned} f^{(0)}(x) &= f(x) = \log x \\ f^{(n)}(x) &= \frac{(-1)^{n-1}(n-1)!}{x^n} \qquad (n \geqq 1) \end{aligned}$$

となる．したがって，$\log x$ の $x = a$ におけるテイラー展開は，

$$\log x = \log a + \sum_{n=1}^{\infty} \frac{(-1)^{n-1}(x-a)^n}{na^n} \qquad (|x-a| < a)$$

となる．ただし，$|x - a| > a$ という範囲では右辺は収束せず，この等式は成立しない．そのため，テイラー展開によって定義域をひろげるためには，a を変化させ続ける必要がある．

なお，$a = 1$ として x を $1 + x$ で置き換えると，$\log 1 = 0$ だから，

$$\log(1+x) = \sum_{n=1}^{\infty} \frac{(-1)^{n-1}x^n}{n} \qquad (|x| < 1)$$

という簡明な表示が得られる．これが対数関数 $\log(1+x)$ のマクローリン展開である．この展開を用いて，次のように $\log \dfrac{1+x}{1-x}$ のマクローリン展開が求められる．

$$\begin{aligned}
\log(1+x) &= \sum_{n=1}^{\infty} \frac{(-1)^{n-1}x^n}{n} \qquad (|x| < 1) \\
&= x - \frac{x^2}{2} + \frac{x^3}{3} - \frac{x^4}{4} + \frac{x^5}{5} - \frac{x^6}{6} + \cdots. \\
\log(1-x) &= \sum_{n=1}^{\infty} \frac{(-1)^{n-1}(-x)^n}{n} \qquad (|x| < 1) \\
&= -x - \frac{x^2}{2} - \frac{x^3}{3} - \frac{x^4}{4} - \frac{x^5}{5} - \frac{x^6}{6} - \cdots. \\
\log \frac{1+x}{1-x} &= \log(1+x) - \log(1-x) \\
&= 2\sum_{k=0}^{\infty} \frac{x^{2k+1}}{2k+1} \qquad (|x| < 1) \\
&= 2\left(x + \frac{x^3}{3} + \frac{x^5}{5} + \frac{x^7}{7} + \frac{x^9}{9} + \frac{x^{11}}{11} + \cdots \right).
\end{aligned}$$

4 三つの対数値⋯$\log x$

それでは，$\log n$ の近似値計算について説明する．最後の等式において，

$x = \dfrac{1}{5}$ を代入すれば，$\log(3/2) = \log 3 - \log 2$

$x = \dfrac{1}{7}$ を代入すれば，$\log(4/3) = 2\log 2 - \log 3$

$x = \dfrac{1}{9}$ を代入すれば，$\log(5/4) = \log 5 - 2\log 2$

の近似値が右辺の展開式による計算から得られる．小数点以下 25 桁の精度で求めるためには，展開式の 20 項までの和を取れば十分である．これらを組み合わせて，

$$\log 2 = \log(3/2) + \log(4/3)$$
$$\log 3 = \log(3/2) + \log 2$$
$$\log 4 = 2\log 2$$
$$\log 5 = \log(5/4) + \log 4$$
$$\log 6 = \log 2 + \log 3$$
$$\log 8 = 3\log 2$$
$$\log 9 = 2\log 3$$
$$\log 10 = \log 2 + \log 5$$

から近似値が次々に求まっていく．しかし，$\log 7$ だけはまだ求まっていないので，$x = \dfrac{1}{99}$ として

$$\log(50/49) = \log 2 + 2\log 5 - 2\log 7$$

の近似値を求めれば，

$$\log 7 = \frac{\log 2 + 2\log 5 - \log(50/49)}{2}$$

から $\log 7$ の近似値が得られることになる．

4.2 $\log x$ のパズル

さて，ここからが本書のテーマである．オイラーが与えた次のリストには3つの間違いがある．まずは，どこにどんな誤差があるのか探してみよう．

P1 $\log n$

Exemplum.

Hinc Logarithmi hyperbolici numerorum ab 1 usque ad 10 ita se habebunt, ut sit

$l\,1$ = 0, 00000 00000 00000 00000 00000
$l\,2$ = 0, 69314 71805 59945 30941 72321
$l\,3$ = 1, 09861 22886 68109 69139 52452
$l\,4$ = 1, 38629 43611 19890 61883 44642
$l\,5$ = 1, 60943 79124 34100 37460 07593
$l\,6$ = 1, 79175 94692 28055 00081 24773
$l\,7$ = 1, 94591 01490 55313 30510 54639
$l\,8$ = 2, 07944 15416 79835 92825 16964
$l\,9$ = 2, 19722 45773 36219 38279 04905
$l\,10$ = 2, 30258 50929 94045 68401 79914

Hi scilicet Logarithmi omnes ex superioribus tribus Seriebus sunt deducti, præter $l\,7$, quem hoc compendio sum assecutus. Posui nimirum in Serie posteriori $x = \frac{1}{99}$ sicque obtinui $l\,\frac{100}{98} = l\,\frac{50}{49} = 0,$ 02020270731751944840782305 qui subtractus a $l\,50 = l\,5 + l\,2 = 3,$ 91202300542814605861875085 relinquit $l\,49,$ cujus semissis dat $l\,7.$

M 2　　　　124. Po-

4　三つの対数値…$\log x$

───── 正値－P1（間違い探し） ─────

$\log n$

$l1$	0.00000 00000 00000 00000 00000
$l2$	0.69314 71805 59945 30941 72321
$l3$	1.09861 22886 68109 69139 52452
$l4$	1.38629 43611 19890 61883 44642
$l5$	1.60943 79124 34100 37460 07593
$l6$	1.79175 94692 28055 00081 24773
$l7$	1.94591 01490 55313 30510 53527
$l8$	2.07944 15416 79835 92825 16963
$l9$	2.19722 45773 36219 38279 04904
$l10$	2.30258 50929 94045 68401 79914

　きっとオイラーのような計算の達人でないと，小数点以下25桁の数値を手計算で求めるのは大変だろう．そこで2700桁の数を手軽に扱えるUBASIC（木田祐司氏作成）の数値計算プログラム（付録C）を掲載した．プログラムを調べることにより，オイラーの計算方法の凄さを味わうことができるだろう．本書を読み終わった後でも良いので，ぜひとも個々の数値の確認をしてほしい．

```
┌─────────── 誤差 − P1 ───────────┐
│              log n              │
│             Chap.VII            │
│                                 │
│   l7   +0.00000000000000000001112 │
│   l8   +0.0000000000000000000001  │
│   l9   +0.0000000000000000000001  │
└─────────────────────────────────┘
```

数値データは「切捨て」であることが, 教本の 76 ページにある自然対数の底の近似値

$$e = 2.718281828459045235360 28$$

によって示されている. オイラーは,「この数値の最後の数字もまた正しい」とわざわざ述べており, 次に来る数字はまたしても「7」なので, 四捨五入ではないことを示している.

切捨ての値を正値として,

(誤差) = (オイラーが与えた数値) − (正値)

をあぶりだしてみると以上のようになる. この誤差は, いったい何を意味しているのだろうか.

4.3　$\log x$ の解答

「パズルの醍醐味は，ひらめきである」

この言葉を頼りに，オイラーのパズルを解いていこう．まずは，間違いが見つかった場所を調べてみると，

$$第7章の \log 7$$

の近似値に大きな誤差があり，さらに $\log 8$ と $\log 9$ の近似値にも微小な誤差があった．つまり，

$$誤差の個数は 3 個.$$

これらの数字は，教本の第6章ですでに見覚えがあった．すなわち，最初の間違いであった $1/\log_{10} 2$ の値は，

$$77 ページの 1/0.3010300$$

で計算されており，オイラーが間違えた最終2桁の数字と誤差は，

$$77 \, と \, -0.0000003$$

だった．このように，77 という数と 3 という数が繰り返し現れていた．これらの数値や誤差は，対数値の誤差の場所と個数に見事に符合しているように思えた．しかも，これらの数値は小数点以下7桁の精度だから，組み合わせれば

$$777$$

という数にもなった．実はこの数は，大変な幸運に恵まれている．その理由は，この数を素因数分解してみると一目で分かる．

$$\mathbf{777 = 3 \cdot 7 \cdot 37}.$$

なんともきれいに数字が並んでいる．しかも，最小の非正則素数 37 が 2 回も登場する．777 は実に幸運な数だと言わねばならない．確かに古代からこの数は，世界中で愛されてきた．現代でもスロットでこの「777」が出ると，幸運が舞いこむような仕掛けになっている．ただし，オイラーはこのことを知らないだろう．

さて，この 777 を対数値のリストの誤差においても探し出せるだろうか．すでに「77」は見えていたので，もう 1 つだけ「7」を探し出せばよかった．すると，誤差の数字の和が

$$1+1+1+2+1+1 = 7$$

であることに気がついた．これで，第 7 章，$\log 7$，誤差の数字の和 7 を合わせて，またもや

777 という幸運の数が現れた．

それではオイラーは，幸運の数 777 で何を伝えたかったのだろう．単にきれいな素因数分解であるというだけでは，彼が取り上げる理由として物足りない．ここからは，もっと数学的に推理しなくてはならない．なぜ 777 があのように幸運に恵まれた素因数分解になるのかを，問題にしているのではないだろうか．そうだとすれば，

その答えは「**10 進法**」にある．

n 進法とは，次の対応による表記法である．

$$\begin{aligned} x &= a_m \cdot n^m + a_{m-1} \cdot n^{m-1} + \cdots + a_2 \cdot n^2 + a_1 \cdot n^1 + a_0 \cdot n^0 \\ &\qquad\qquad\qquad\qquad\qquad\qquad (0 \leqq a_i \leqq n-1) \\ &= (a_m a_{m-1} \cdots a_2 a_1 a_0)_n. \end{aligned}$$

10 進法に対しては, ( )$_{10}$ を省略しよう. すると, $x = 777$ は 2 進法だと, 以下のように表される.

$$777 = 1 \cdot 2^9 + 1 \cdot 2^8 + 0 \cdot 2^7 + 0 \cdot 2^6 + 0 \cdot 2^5 + 0 \cdot 2^4$$
$$+ 1 \cdot 2^3 + 0 \cdot 2^2 + 0 \cdot 2^1 + 1 \cdot 2^0$$
$$= (1100001001)_2.$$

同様に, 3, 7, 37 は,

$$3 = 1 \cdot 2^1 + 1 \cdot 2^0 = (11)_2.$$

$$7 = 1 \cdot 2^2 + 1 \cdot 2^1 + 1 \cdot 2^0 = (111)_2.$$

$$37 = 1 \cdot 2^5 + 0 \cdot 2^4 + 0 \cdot 2^3 + 1 \cdot 2^2 + 0 \cdot 2^1 + 1 \cdot 2^0 = (100101)_2.$$

以上により, $777 = 3 \cdot 7 \cdot 37$ という素因数分解を 2 進法で表記すれば,

$$(1100001001)_2 = (11)_2 \cdot (111)_2 \cdot (100101)_2$$

になってしまい, 幸運な素因数分解には見えなくなる. つまり, 777 の素因数分解が幸運に見えるのは, 10 進法のおかげなのである. 他の n 進法でも 777 の素因数分解を見てみよう. 確かに 10 進法が一番美しいことが分かる.

$$(1001210)_3 = (10)_3 \cdot (21)_3 \cdot (1101)_3.$$
$$(30021)_4 = (3)_4 \cdot (13)_4 \cdot (211)_4.$$
$$(11102)_5 = (3)_5 \cdot (12)_5 \cdot (122)_5.$$
$$(3333)_6 = (3)_6 \cdot (11)_6 \cdot (101)_6.$$
$$(2160)_7 = (3)_7 \cdot (10)_7 \cdot (52)_7.$$
$$(1411)_8 = (3)_8 \cdot (7)_8 \cdot (45)_8.$$
$$(1053)_9 = (3)_9 \cdot (7)_9 \cdot (41)_9.$$
$$(777)_{10} = (3)_{10} \cdot (7)_{10} \cdot (37)_{10}.$$

オイラーは, この先もさまざまな興味深い数値を「10進法」によって表記し続けている. だからこそ, 何よりもまず最初に777という幸運の数を用いて, 「10進法」の素晴らしさを問うパズルにしたのではないだろうか. そして, そのことを示すかのように, オイラーの対数値のリストは $\log 10$ で終わっていた.

以上, ずいぶん思いきった推理だと思われたかもしれない. あるいは, すべてを解ききっていないという感想をもたれたかもしれない. まったくその通りで, 実はこれらの推理にはまだまだ先がある. これらの推理を確信できる理由は, 再びこれらの解答が現れるからである. それがいつになるのか, 注意深く読み進めて欲しい. そして, 「1112-1-1」という数字の解答は, ある理由のために, 最終章まで保留しておくことにする.

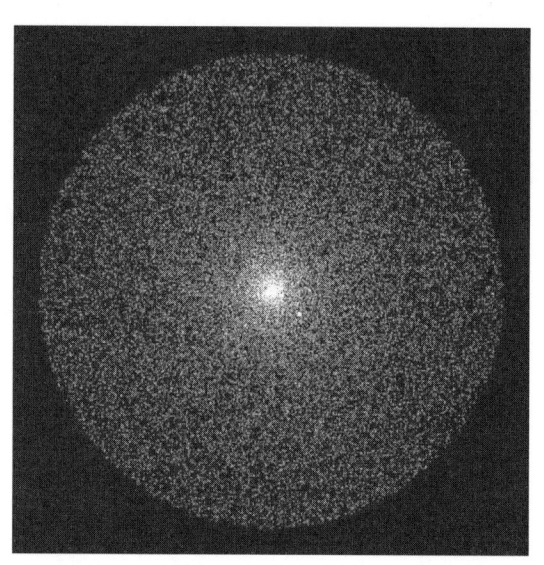

素数 11 が中心に輝く Z_8 の非正則素数
(解説は最終章)

5　十二の音階 $\cdots \sin x, \cos x$

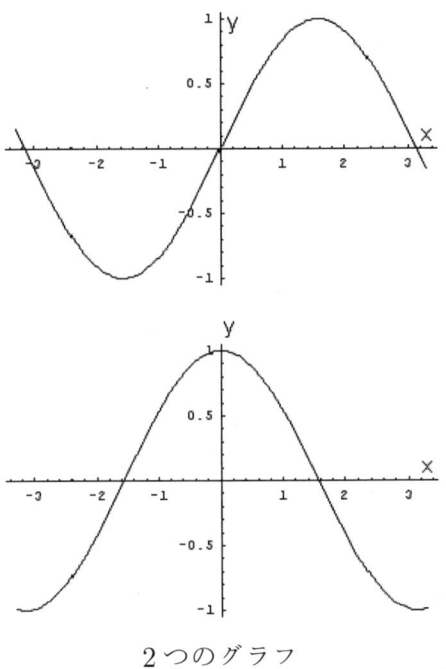

2つのグラフ

5.1 オイラーの等式

前章のテーマの対数関数 $\log x$ と密接に結びついている関数が,

$$\text{指数関数 } e^x$$

である. この関数は, $\log x$ の逆関数である. 一般に, $f(x)$ の逆関数 $g(x)$ とは, 合成関数が恒等写像になるものである. すなわち,

$$f(g(x)) = g(f(x)) = x$$

となるとき, $f(x)$ は $g(x)$ の逆関数, $g(x)$ は $f(x)$ の逆関数とよばれる. 実際, $f(x) = \log x$, $g(x) = e^x$ に対して,

$$f(g(x)) = \log e^x = x = e^{\log x} = g(f(x))$$

が成立する.

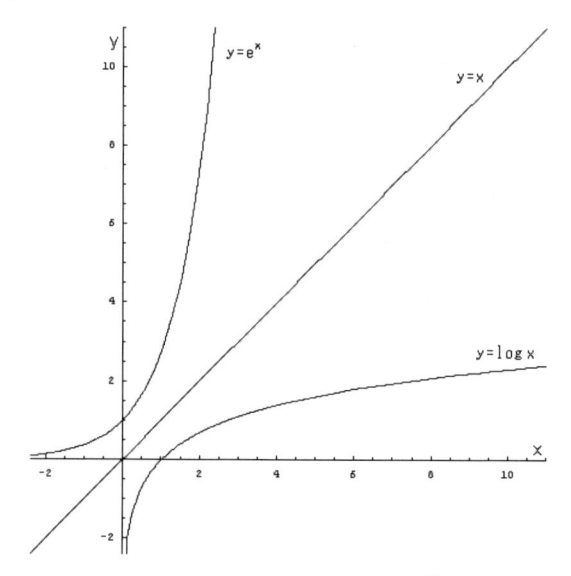

$y = e^x$, $y = x$, $y = \log x$ **のグラフ**

5　十二の音階 $\cdots \sin x, \cos x$

　$y = \log x$ と $y = e^x$ の 2 つの関数のグラフを比べてみよう．これらは，$y = x$ という直線に関して対称なグラフになっている．一般にも，実単調関数の逆関数は，$y = x$ に関して対称なグラフとして求められる．

　ここで，$f(x) = e^x$ のマクローリン展開を求めてみよう．この関数の特別なところは，高階微分がそれ自身であることだ．だから，

$$f^{(n)}(x) = e^x, \quad f^{(n)}(0) = 1 \quad (n \geqq 0)$$

となり，マクローリン展開は以下で表される．

$$\begin{aligned} e^x &= \sum_{n=0}^{\infty} \frac{x^n}{n!} \quad (|x| < \infty) \\ &= 1 + x + \frac{x^2}{2} + \frac{x^3}{6} + \frac{x^4}{24} + \frac{x^5}{120} + \frac{x^6}{720} + \frac{x^7}{5040} + \cdots . \end{aligned}$$

　$\log x$ の場合とは異なり，この等式はすべての実数 x で成立する．n が大きくなるにつれて，係数の $\dfrac{1}{n!}$ が急激に小さくなるためである．

　「オイラーの等式」は，この指数関数がなぜか三角関数 $\sin x, \cos x$ を産み出すことを主張している．

$$e^{ix} = \sin x + i \cos x.$$

この等式は見た目も驚きだが，より深い意味においても驚嘆すべき等式だろう．いったいどのような意味においてそう考えられるのかについて，これから説明したい．

通常, 三角関数 $\sin x, \cos x$ は, 次の図のように長さ x の円弧から定まる座標として導入されることが多い.

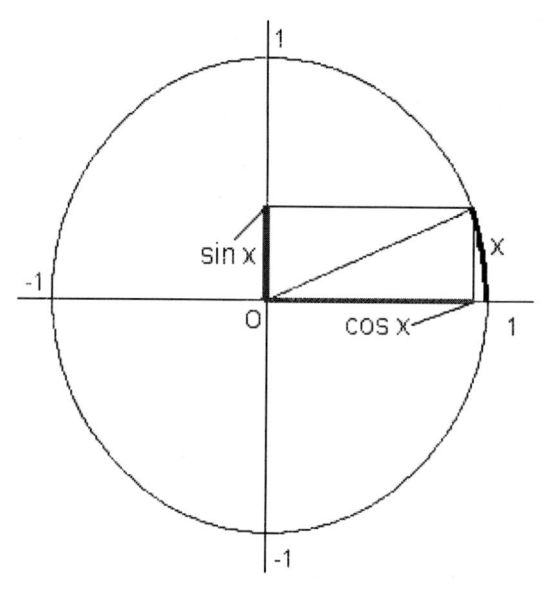

$x, \sin x, \cos x$ の関係

したがって, これらの値は -1 から 1 までの範囲にあり, いくらでも値が大きくなる指数関数とは縁がなさそうに思える. ところが, マクローリン展開によって, これらの関数たちは見事に結びついてしまう.

$f(x) = \sin x, g(x) = \cos x$ の高階微分と $x = 0$ における微分係数は, 以下のように周期 4 で与えられる.

n	$f^{(n)}(x)$	$f^{(n)}(0)$
$4k$	$\sin x$	0
$4k+1 \quad 4k+3$	$\cos x \quad -\cos x$	$1 \quad -1$
$4k+2$	$-\sin x$	-0

5 十二の音階 … $\sin x, \cos x$

n	$g^{(n)}(x)$	$g^{(n)}(0)$
$4k$	$\cos x$	1
$4k+1 \qquad 4k+3$	$-\sin x \qquad \sin x$	$-0 \qquad 0$
$4k+2$	$-\cos x$	-1

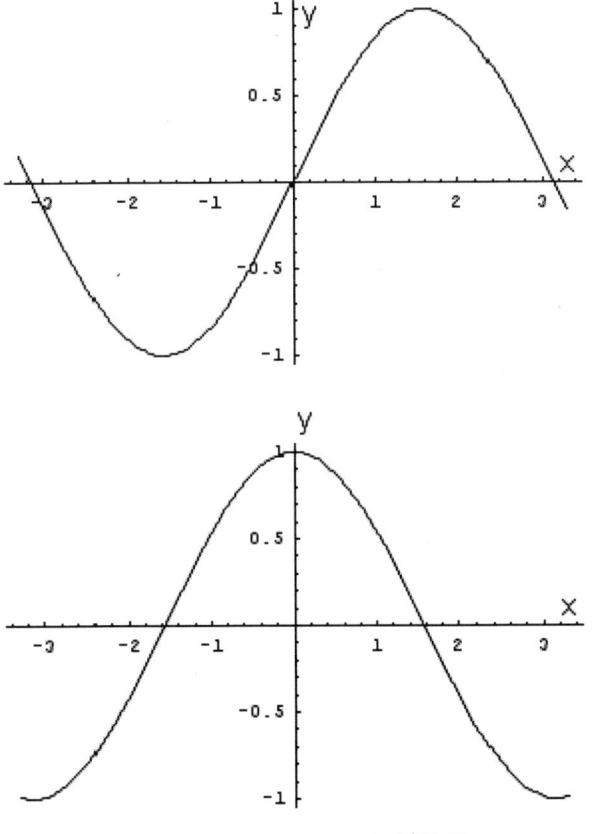

$y = \sin x,\ y = \cos x$ **のグラフ**

したがって, 先ほどの指数関数も合わせて, これらの関数のマクローリン展開は, 次で表される.

$$e^x = \sum_{n=0}^{\infty} \frac{x^n}{n!} \quad (|x| < \infty)$$
$$= 1 + x + \frac{x^2}{2} + \frac{x^3}{6} + \frac{x^4}{24} + \frac{x^5}{120} + \frac{x^6}{720} + \frac{x^7}{5040}$$
$$+ \frac{x^8}{40320} + \frac{x^9}{362880} + \frac{x^{10}}{3628800} + \frac{x^{11}}{39916800} + \cdots,$$

$$\sin x = \sum_{k=0}^{\infty} \frac{(-1)^k x^{2k+1}}{(2k+1)!} \quad (|x| < \infty)$$
$$= x - \frac{x^3}{6} + \frac{x^5}{120} - \frac{x^7}{5040} + \frac{x^9}{362880} - \frac{x^{11}}{39916800} + \cdots,$$

$$\cos x = \sum_{k=0}^{\infty} \frac{(-1)^k x^{2k}}{(2k)!} \quad (|x| < \infty)$$
$$= 1 - \frac{x^2}{2} + \frac{x^4}{24} - \frac{x^6}{720} + \frac{x^8}{40320} - \frac{x^{10}}{3628800} + \cdots.$$

$\cos x$ と $\sin x$ の展開係数の絶対値が, e^x の展開係数として交互に現れていることに注意してほしい.

ここで, 大胆に x のかわりに ix を e^x のマクローリン展開に代入してみよう. すると,

$$e^{ix} = \sum_{i=0}^{\infty} \frac{(ix)^n}{n!} = \sum_{i=0}^{\infty} \frac{i^n x^n}{n!}$$

となる. $i = \sqrt{-1}$ だから,

n	i^n
$4k$	1
$4k+1$　　　$4k+3$	i　　$-i$
$4k+2$	-1

となる．したがって，「e^{ix} のマクローリン展開」と「$\cos x + i \sin x$ のマクローリン展開」の x^n の係数が一致する．すなわち，

$$\frac{i^n}{n!} = \frac{g^{(n)}(0)}{n!} + i\frac{f^{(n)}(0)}{n!}.$$

次の等式を参考にしてほしい．

i^n	=	$g^{(n)}(0)$	+	$if^{(n)}(0)$
1		1		0
i $-i$	= -0	0	+ i	$-i$
-1		-1		-0

以上をまとめれば，

「e^{ix} をマクローリン展開によって定義すれば」

$$e^{ix} = \cos x + i \sin x$$

が成立する．さらに，

$$e^{-ix} = \cos(-x) + i\sin(-x) = \cos x - i\sin x$$

となるから，

$$\sin x = \frac{e^{ix} - e^{-ix}}{2i}, \quad \cos x = \frac{e^{ix} + e^{-ix}}{2}$$

という表示も得られる．

だが，まだ納得しないでほしい． なぜ e^{ix} をマクローリン展開で定義すれば良いのだろうか．これは定義なのだから理由はないと思わないでほしい．ここが，「オイラーの等式」を理解できるかどうかの分かれ目なのだ．実は，

「e^{ix} をマクローリン展開で定義すれば」

ではなくて,

「e^{ix}はマクローリン展開で自然に定義されて」

が本当の主張ではないだろうか.

e^{iy}は, iyという複素数に対し$\cos y + i\sin y$という複素数の値を対応させる関数を意味している. 実指数関数e^xはすでに定義されているので, 任意の複素数$s = x + iy$に対して, 自然に

$$e^s = e^{x+iy} = e^x e^{iy} = e^x(\cos y + i\sin y)$$

が定まる. つまり「オイラーの等式」は, 「実数関数である指数関数をいかに複素関数に拡張すべきか」という問題に答えている.

一方で, 実数に対しては実指数関数になる連続な複素関数ならば無限にある. 実際,

$$f(s) = f(x + iy) = e^x + yg(s)$$

とすれば, 任意の連続な複素関数$g(s)$に対し, $f(x + i \cdot 0) = e^x$が成立する. 確かに$f(s)$は連続な複素関数であって, 実指数関数の拡張にもなっている. このような無限の選択肢の中で, 「オイラーの等式」はただ1つの拡張方法を指定している. それは,

マクローリン展開やテイラー展開こそが,　　実関数を複素関数に拡張する　　自然な方法である

ことを, 最も基本となる関数e^xによって主張していることになる.

ただし, この当時複素関数に対する理解はまだ深まっておらず, 真に重要な研究対象とはみなされていない. 「オイラーの等式」にしても, 有用だが形式的な等式という見解があったのではないだろうか. 本格

的な複素関数論が展開され理解されるためには，まだ時を待たねばならなかった．

だが，この「オイラーの等式」こそが，複素関数論の幕開けとよぶにふさわしい驚くべき業績だろう．そしてこの等式には，もう1つの宝石がきらめいている．

オイラーの等式

$$e^{ix} = \cos x + i \sin x.$$

$$\swarrow x = \pi$$

$$e^{i\pi} = -1 + i \cdot 0 \iff e^{i\pi} + 1 = 0.$$

$$i = \sqrt{-1}$$
$\pi = 3.14159265358979323846264338327$
$95028841971693993751\cdots$
$e = 2.71828182845904523536028747135$
$26624977572470936999\cdots$

5.2 $\sin x, \cos x$ のパズル

P2 $\sin x$ のマクローリン展開

$\qquad\qquad\qquad\qquad$ *fin.* A. $\frac{m}{n}$ 90° $=$

$+\ \dfrac{m}{n}\cdot$ 1, 5707963267948966192313216916

$-\ \dfrac{m^3}{n^3}\cdot$ 0, 6459640975062462536557565636

$+\ \dfrac{m^5}{n^5}\cdot$ 0, 0796926262461670451205055488

$-\ \dfrac{m^7}{n^7}\cdot$ 0, 0046817541353186881006854632

$+\ \dfrac{m^9}{n^9}\cdot$ 0, 0001604411847873598218726605

$-\ \dfrac{m^{11}}{n^{11}}\cdot$ 0, 0000035988432352120853404580

$+\ \dfrac{m^{13}}{n^{13}}\cdot$ 0, 0000000569217292196792681171

$-\ \dfrac{m^{15}}{n^{15}}\cdot$ 0, 0000000006688035109811467224

$+\ \dfrac{m^{17}}{n^{17}}\cdot$ 0, 0000000000060669357311061950

$-\ \dfrac{m^{19}}{n^{19}}\cdot$ 0, 0000000000000437706546731370

$+\ \dfrac{m^{21}}{n^{21}}\cdot$ 0, 0000000000000002571422892856

$-\ \dfrac{m^{23}}{n^{23}}\cdot$ 0, 0000000000000000012538995403

$+\ \dfrac{m^{25}}{n^{25}}\cdot$ 0, 0000000000000000000051564550

$-\ \dfrac{m^{27}}{n^{27}}\cdot$ 0, 0000000000000000000000181239

$+\ \dfrac{m^{29}}{n^{29}}\cdot$ 0, 0000000000000000000000000549

5 十二の音階 $\cdots \sin x, \cos x$

P2 $\cos x$ のマクローリン展開

$$\text{atque } \cos. \text{ A.} \quad \frac{m}{n} \; 90° =$$

$+$ 1, 00000000000000000000000000

$-\dfrac{m^2}{n^2}.$ 1, 23370055013616982735431 13745

$+\dfrac{m^4}{n^4}.$ 0, 25366950790104801363656 33659

$-\dfrac{m^6}{n^6}.$ 0, 02086348076335296087305 16364

$+\dfrac{m^8}{n^8}.$ 0, 00091926027483942658024 17158

$-\dfrac{m^{10}}{n^{10}}.$ 0, 00002520204237306060548 10526

$+\dfrac{m^{12}}{n^{12}}.$ 0, 00000047108747788181715 03665

$-\dfrac{m^{14}}{n^{14}}.$ 0, 00000000638660308379185 22408

$+\dfrac{m^{16}}{n^{16}}.$ 0, 00000000006565963114979 47230

$-\dfrac{m^{18}}{n^{18}}.$ 0, 00000000000052944002007 34620

$+\dfrac{m^{20}}{n^{20}}.$ 0, 00000000000000343773917 90981

$-\dfrac{m^{22}}{n^{22}}.$ 0, 00000000000000001835991 65212

$+\dfrac{m^{24}}{n^{24}}.$ 0, 00000000000000000008206 75327

$-\dfrac{m^{26}}{n^{26}}.$ 0, 00000000000000000000031 15285

$+\dfrac{m^{28}}{n^{28}}.$ 0, 00000000000000000000000 10165

$-\dfrac{m^{30}}{n^{30}}.$ 0, 00000000000000000000000 00026

正値 − P2（間違い探し）

$$s_k = (-1)^{\frac{k-1}{2}} \frac{\pi^k}{2^k k!} \quad (k : 奇数)$$

```
01  +1.57079632679489661923132169 16
03  −0.64596409750624625365575656 38
05  +0.07969262624616704512050554 94
07  −0.00468175413531868810068546 39
09  +0.00016044118478735982187266 08
11  −0.00000359884323521208534045 85
13  +0.00000005692172921967926811 77
15  −0.00000000066880351098114672 32
17  +0.00000000000606693573110619 56
19  −0.00000000000004377065467313 74
21  +0.00000000000000025714228928 60
23  −0.00000000000000000125389954 05
25  +0.00000000000000000000515645 51
27  −0.00000000000000000000001812 39
29  +0.00000000000000000000000005 50
```

5 十二の音階 $\cdots \sin x, \cos x$

正値 − P2（間違い探し）

$$c_k = (-1)^{\frac{k}{2}} \frac{\pi^k}{2^k k!} \quad (k:偶数)$$

```
00  +1.00000000000000000000000000
02  −1.23370055013616982735431137 49
04  +0.25366950790104801363656336 63
06  −0.02086348076335296087305163 72
08  +0.00091926027483942658024171 62
10  −0.00002520204237306060548105 30
12  +0.00000047108747788181715036 70
14  −0.00000000638660308379185224 10
16  +0.00000000006565963114979472 36
18  −0.00000000000052944002007346 23
20  +0.00000000000000343773917909 86
22  −0.00000000000000001835991652 15
24  +0.00000000000000000008206753 30
26  −0.00000000000000000000031152 84
28  +0.00000000000000000000000101 67
30  −0.00000000000000000000000000 28
```

```
━━━━━━━ 誤差－P2 ━━━━━━━

                    $\sin \dfrac{m}{n}\dfrac{\pi}{2}$

    01   −0.000000000000000000000000000000
    03   +0.000000000000000000000000000002
    05   −0.000000000000000000000000000006
    07   +0.000000000000000000000000000007
    09   −0.000000000000000000000000000003
    11   +0.000000000000000000000000000005
    13   −0.000000000000000000000000000006
    15   +0.000000000000000000000000000008
    17   −0.000000000000000000000000000006
    19   +0.000000000000000000000000000004
    21   −0.000000000000000000000000000004
    23   +0.000000000000000000000000000002
    25   −0.000000000000000000000000000001
    27   +0.000000000000000000000000000000
    29   −0.000000000000000000000000000001
```

　このリストの誤差はあまりにも多い．有効桁数を考えると，誤差が膨れ上がっていることになる．もしこの誤差がオイラーの単なる計算間違いだとすれば，計算家としては落第だと言わざるを得ない．しかし，最終一桁のみの大量の誤差というのは，考えてみれば奇妙だ．よほど上手に間違わないと，このようにはならない．

5 十二の音階 … $\sin x, \cos x$

```
┌─────────────── 誤差－P2 ───────────────┐
│                                          │
│                  cos $\dfrac{m}{n}\dfrac{\pi}{2}$                │
│                                          │
│     00   −0.0000000000000000000000000000 │
│     02   +0.0000000000000000000000000004 │
│     04   −0.0000000000000000000000000004 │
│     06   +0.0000000000000000000000000008 │
│     08   −0.0000000000000000000000000004 │
│     10   +0.0000000000000000000000000004 │
│     12   −0.0000000000000000000000000005 │
│     14   +0.0000000000000000000000000002 │
│     16   −0.0000000000000000000000000006 │
│     18   +0.0000000000000000000000000003 │
│     20   −0.0000000000000000000000000005 │
│     22   +0.0000000000000000000000000003 │
│     24   −0.0000000000000000000000000003 │
│     26   −0.0000000000000000000000000001 │
│     28   −0.0000000000000000000000000002 │
│     30   +0.0000000000000000000000000002 │
└──────────────────────────────────────────┘
```

この大量の誤差は，いったい何を意味しているのだろうか．数値データの精度である 28 桁という中途半端な数の意味は何だろうか．さあ，大胆にオイラーのパズルに挑戦してみよう．

5.3　$\sin x, \cos x$ の解答

　このパズルを解く鍵は，いったいどこにあるのだろうか．唯一のヒントは，$\sin x$, $\cos x$ のマクローリン展開の係数に誤差が現れたということだった．きっとこれらの関数に関係したパズルではないだろうか．
　オイラーは，二十代から音律や和音などの基礎的な音楽研究をしていた．そこで用いられたのが，これらの三角関数だった．もちろん古代から三角関数 $\sin x, \cos x$ の波は，音楽における「音」の基礎としてずっと用いられ続けている．誤差が一桁の範囲にしかなく，しかも大量にあったので，これらが音楽－すなわち楽譜になったら面白いのに，と無邪気に思った．
　まずは試してみようと思った．素朴に0123456をドレミファソラシに対応させて楽譜を作り上げた．そして，パソコンの音楽ソフトに打ちこんで演奏させてみた．しかし，いずれのリストも曲には聴こえなかった．
　自分の推理が外れて，残念な気持ちでしばらく数値リストを見ていた．そこでふと $\dfrac{m}{n}$ の乗数が目についた．$\sin x$ では奇数だけ，$\cos x$ では偶数だけしかない．これは，$\sin x$ と $\cos x$ が e^{ix} から産み出されたものであることに由来している．

そのとき，何かがひらめいた．

　もしこれがオイラーのパズルなら，「オイラーの等式」が現れてもおかしくないのではないか．すなわち，$\sin x$ と $\cos x$ の誤差を，もとの指数関数の展開の順番で演奏させれば良いのではないか．もしそうなら，あまりにもできすぎた話だ．胸を高鳴らせつつ音符を打ちこみ，そして演奏させた．

「ドドソミソシレドソファソララシ …」

5　十二の音階 $\cdots \sin x, \cos x$　　　　　　　　　　　　　　　　　　81

　何と、これは曲になっていた。私は呆然としながら、演奏を繰り返し繰り返し聴いていた。リズムは少々妙だが、明らかに曲に聴こえた。

　でたらめに音符を並べて演奏させてみれば分かることだが、ランダムに並んだ 31 個の数字が偶然曲になるという確率は極めて低い。しかも、これらは「誤差」なのだから、あまりにもうまくできすぎている。こうして、この教本の間違いにオイラーの意図が隠されていることが、はっきりと分かった。

　だが、この曲はまだ完成されていない。そこで気がついたのが、リストの数値データの 28 桁という中途半端な精度だった。この数字は、28 個の誤差とぴったり一致する。そこで、31=28+3 と分けて、最初の 28 個の誤差を交互に四分音符と二分音符にあてはめてみた。

これならば，リズム・メロディともおかしくない曲だ．気になって賛美歌を調べてみると，確かにこのように交互に音符を並べた曲があった．けれども，この曲と完全に一致するものは見つからなかった．ということは，これはオイラー自身が作曲したのだろうか．
　260年前に，オイラーが口ずさんだと思われるその曲を，私は繰り返し聴き続けた．崇高さを求めるオイラーの気持ちが染み渡ってくるような曲だった．
　この曲を聴きながら，私はオイラーの音楽に対する思いを，整数論研究者として想像してみた．オイラーはきっと12という音階の個数に対し，数学的な面から相当に強い印象をもっていたのだろう．
　オイラーは，関や大ベルヌーイさえも求めなかった12番目のベルヌーイ数を，ゼータ値の中ではじめて見出した．そして，691という非正則素数にはじめて出会うことができた．現代の数学でさえも，なぜ12番目のゼータ値になぜ691という素数が現れなければならないのかという問いには，答えられない．ただ，実際に計算すれば，このような非正則素数があるとしか言いようがない．それは分母に周期的に現れる素数とは，まったく対照的である．
　オイラーは，12音階の根拠を $2^n \cdot 3^3 \cdot 5^2$ の約数で384から767にある自然数として，真剣に説明した．それは確かにちょうど12個あって，プトレマイオスの音組織を説明する．さらに691は，その384から767の範囲にふくまれている．この691は，なぜかゼータ値の12番目に，はじめて現れた非正則素数であった．
　もちろん単なる偶然といってしまえば，その通りだろう．しかし，その単なる偶然の出会いや出来事こそが，この世界に生きる喜びの源なのではないだろうか．
　私は，偶然にもオイラーに出会うことができた．そして，嬉しかった．

6　七つの橋 $\cdots \tan x, \cot x$

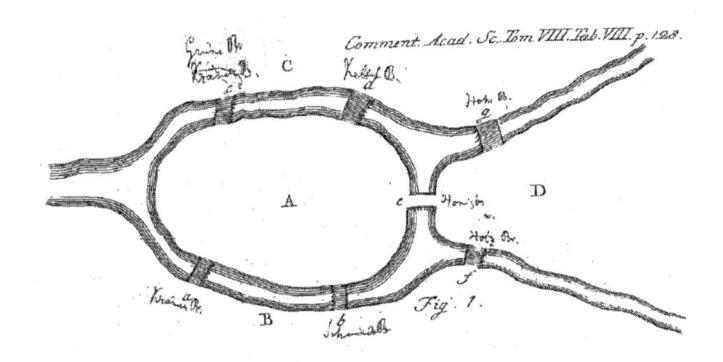

ケーニヒスベルグの7つの橋の図

6.1 ベルヌーイ数再登場

前章のテーマであった $\sin x$ と $\cos x$ を組み合わせると,

$$\tan x = \frac{\sin x}{\cos x}, \quad \cot x = \frac{\cos x}{\sin x}$$

が登場する.

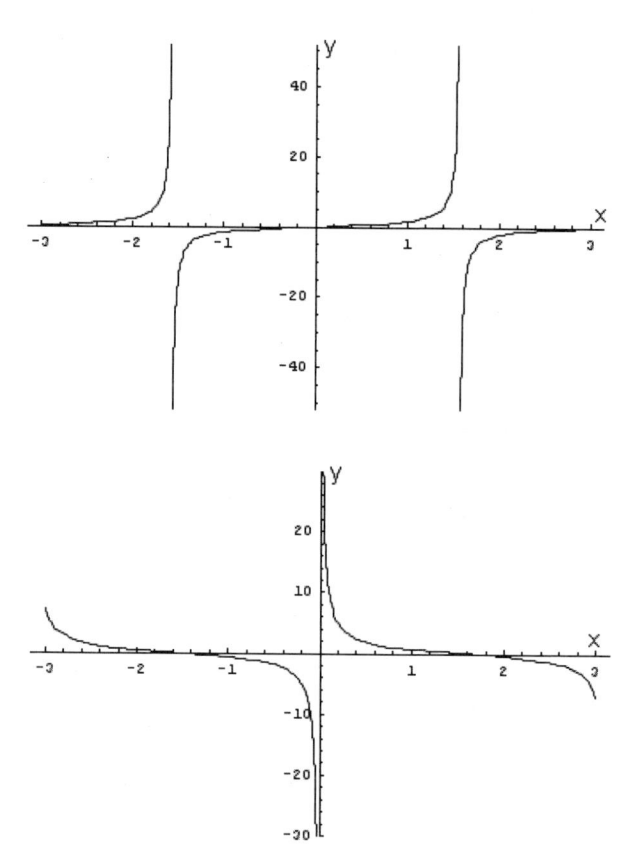

$y = \tan x$, $y = \cot x$ のグラフ

6 七つの橋 $\cdots \tan x, \cot x$

これらの正接関数と余接関数のマクローリン展開*の係数には，あのベルヌーイ数という不思議な数が再び現れる．これを確かめるために，まず $\dfrac{xe^x}{e^x - 1}$ のマクローリン展開を求めよう．

$$\frac{xe^x}{e^x - 1} = \sum_{n=0}^{\infty} \frac{B'_n}{n!} x^n$$

と表すとき，B'_n がどのような性質をもっているか調べてみよう．両辺に $e^x - 1$ を掛けると，左辺は

$$xe^x = \sum_{k=0}^{\infty} \frac{x^{k+1}}{k!}$$

となり，右辺は

$$\begin{aligned}(e^x - 1) \sum_{n=0}^{\infty} \frac{B'_n}{n!} x^n &= \sum_{m=1}^{\infty} \frac{x^m}{m!} \sum_{n=0}^{\infty} \frac{B'_n}{n!} x^n \\ &= \sum_{k=1}^{\infty} \left(\sum_{n=0}^{k-1} \frac{B'_n}{(k-n)! n!} \right) x^k\end{aligned}$$

となる．そこで，左辺と右辺の x^{k+1} の係数を比べると，B'_n は次の式を満たすことが分かる．

$$\frac{1}{k!} = \sum_{n=0}^{k} \frac{B'_n}{(k+1-n)! n!}.$$

さらに両辺に $(k+1)!$ を掛ければ，

$$\begin{aligned}k + 1 &= \sum_{n=0}^{k} \frac{(k+1)!}{(k+1-n)! n!} B'_n \\ &= {}_{k+1}C_0 B'_0 + {}_{k+1}C_1 B'_1 + \cdots + {}_{k+1}C_k B'_k\end{aligned}$$

---

*$\cot x$ の展開には x^{-1} の項が現れるので，ローラン展開とよばれる．

となって，第2章2節でベルヌーイ数を定めた漸化式とまったく同じ式が得られる．したがって，$B'_k = B_k$ となることが分かる．

このマクローリン展開と「オイラーの等式」を用いることによって，$\cot x$, $\tan x$ の展開式が求められる．

$$
\begin{aligned}
\cot x &= \frac{\cos x}{\sin x} = \frac{\dfrac{e^{ix} + e^{-ix}}{2}}{\dfrac{e^{ix} - e^{-ix}}{2i}} = \frac{i(e^{ix} + e^{-ix})}{e^{ix} - e^{-ix}} \\
&= \frac{i(e^{2ix} + 1)}{e^{2ix} - 1} = \frac{2ie^{2ix}}{e^{2ix} - 1} - i = \frac{1}{x} \frac{(2ix)e^{2ix}}{e^{2ix} - 1} - i \\
&= \frac{1}{x} \sum_{k=0}^{\infty} \frac{B_k}{k!} (2ix)^k - i \\
&= \frac{1}{x} \left(1 + \frac{1}{2}(2ix) + \sum_{k=2}^{\infty} \frac{2^k B_k (-1)^{\frac{k}{2}}}{k!} x^k \right) - i \\
&= \frac{1}{x} - \sum_{k=2}^{\infty} \frac{2^k |B_k|}{k!} x^{k-1}.
\end{aligned}
$$

$$
\begin{aligned}
\tan x - \cot x &= \frac{\sin x}{\cos x} - \frac{\cos x}{\sin x} = \frac{\dfrac{e^{ix} - e^{-ix}}{2i}}{\dfrac{e^{ix} + e^{-ix}}{2}} - \frac{\dfrac{e^{ix} + e^{-ix}}{2}}{\dfrac{e^{ix} - e^{-ix}}{2i}} \\
&= \frac{-i(e^{ix} - e^{-ix})}{e^{ix} + e^{-ix}} - \frac{i(e^{ix} + e^{-ix})}{e^{ix} - e^{-ix}} \\
&= \frac{-2i(e^{2ix} + e^{-2ix})}{e^{2ix} - e^{-2ix}} = \frac{-2i(e^{4ix} + 1)}{e^{4ix} - 1} \\
&= \frac{-4ie^{4ix}}{e^{4ix} - 1} + 2i = -\frac{1}{x} \frac{(4ix)e^{4ix}}{e^{4ix} - 1} + 2i
\end{aligned}
$$

6 七つの橋 $\cdots \tan x, \cot x$

$$
\begin{aligned}
&= -\frac{1}{x}\sum_{k=0}^{\infty}\frac{B_k}{k!}(4ix)^k + 2i \\
&= -\frac{1}{x}\left(1 + \frac{1}{2}(4ix) + \sum_{k=2}^{\infty}\frac{2^{2k}(-1)^{\frac{k}{2}}B_k}{k!}x^k\right) + 2i \\
&= -\frac{1}{x} + \sum_{k=2}^{\infty}\frac{2^{2k}|B_k|}{k!}x^{k-1}.
\end{aligned}
$$

したがって, 以下の $\tan x$ と $\cot x$ の展開式が得られる.

$$
\begin{aligned}
\tan x &= \sum_{k=2}^{\infty}\frac{2^k(2^k-1)|B_k|}{k!}x^{k-1} \\
&= \sum_{n=1}^{\infty}\frac{2^{n+1}(2^{n+1}-1)|B_{n+1}|}{(n+1)!}x^n \\
&= x + \frac{x^3}{3} + \frac{2x^5}{15} + \frac{17x^7}{315} + \frac{62x^9}{2835} + \frac{1382x^{11}}{155925} + \cdots.
\end{aligned}
$$

$$
\begin{aligned}
\cot x &= \frac{1}{x} - \sum_{k=2}^{\infty}\frac{2^k|B_k|}{k!}x^{k-1} \\
&= \frac{1}{x} - \sum_{n=1}^{\infty}\frac{2^{n+1}|B_{n+1}|}{(n+1)!}x^n \\
&= \frac{1}{x} - \frac{x}{3} - \frac{x^3}{45} - \frac{2x^5}{945} - \frac{x^7}{4725} - \frac{2x^9}{93555} - \frac{1382x^{11}}{638512875} - \cdots.
\end{aligned}
$$

6.2 $\tan x$, $\cot x$ のパズル

P3 $\tan x$ のマクローリン展開と $\cot x$ のローラン展開

	tang. A. $\frac{m}{n}$ 90° =		cot. A. $\frac{m}{n}$ 90° =
$+$	$\frac{2mn}{mn-mn}$. 0, 6366197723675	$+$	$\frac{n}{m}$ 0, 6366197723675
$+$	$\frac{m}{n}$. 0, 2975567820597	$-$	$\frac{4mn}{4mn-mn}$. 0, 3183098861837
$+$	$\frac{m^3}{n^3}$. 0, 0186886502773	$-$	$\frac{m}{n}$. 0, 2052888894145
$+$	$\frac{m^5}{n^5}$. 0, 0018424752034	$-$	$\frac{m^3}{n^3}$. 0, 0065510747882
$+$	$\frac{m^7}{n^7}$. 0, 0001975800714	$-$	$\frac{m^5}{n^5}$. 0, 0003450292554
$+$	$\frac{m^9}{n^9}$. 0, 0000216977245	$-$	$\frac{m^7}{n^7}$. 0, 0000202791060
$+$	$\frac{m^{11}}{n^{11}}$. 0, 0000024011370	$-$	$\frac{m^9}{n^9}$. 0, 0000012366527
$+$	$\frac{m^{13}}{n^{13}}$. 0, 0000002664132	$-$	$\frac{m^{11}}{n^{11}}$. 0, 0000000764959
$+$	$\frac{m^{15}}{n^{15}}$. 0, 0000000295864	$-$	$\frac{m^{13}}{n^{13}}$. 0, 0000000047597
$+$	$\frac{m^{17}}{n^{17}}$. 0, 0000000032867	$-$	$\frac{m^{15}}{n^{15}}$. 0, 0000000002969
$+$	$\frac{m^{19}}{n^{19}}$. 0, 0000000003651	$-$	$\frac{m^{17}}{n^{17}}$. 0, 0000000000185
$+$	$\frac{m^{21}}{n^{21}}$. 0, 0000000000405	$-$	$\frac{m^{19}}{n^{19}}$. 0, 0000000000011
$+$	$\frac{m^{23}}{n^{23}}$. 0, 0000000000045		
$+$	$\frac{m^{25}}{n^{25}}$. 0, 0000000000005		

正値 − P3（間違い探し）

	$\dfrac{2(2^{n+1}-1)\pi^n|B_{n+1}|}{(n+1)!} - \dfrac{4}{\pi}$		$\dfrac{1}{2^{n-1}\pi} - \dfrac{2\pi^n|B_{n+1}|}{(n+1)!}$
01	+0.2975567820597		
03	+0.0186886502773	01	−0.2052888894145
05	+0.0018424752035	03	−0.0065510747882
07	+0.0001975800715	05	−0.0003450292553
09	+0.0000216977373	07	−0.0000202791060
11	+0.0000024011369	09	−0.0000012366527
13	+0.0000002664133	11	−0.0000000764958
15	+0.0000000295864	13	−0.0000000047597
17	+0.0000000032867	15	−0.0000000002969
19	+0.0000000003651	17	−0.0000000000185
21	+0.0000000000405	19	−0.0000000000011
23	+0.0000000000045		
25	+0.0000000000005		

```
┌─────────── 誤差－P3 ───────────┐
│                                          │
│              $\tan \dfrac{m}{n}\dfrac{\pi}{2}$              │
│                                          │
│      05    $-0.0000000000001$            │
│      07    $-0.0000000000001$            │
│      09    $-0.0000000000128$            │
│      11    $+0.0000000000001$            │
│      13    $-0.0000000000001$            │
│                                          │
│              $\cot \dfrac{m}{n}\dfrac{\pi}{2}$              │
│                                          │
│      05    $-0.0000000000001$            │
│      11    $-0.0000000000001$            │
│                                          │
└──────────────────────────────────────────┘

　このパズルを解く鍵は，いったいどこにあるのだろうか．まず，$\sin x$ と $\cos x$ のパズルから類推できたことは，きっと $\tan x$ と $\cot x$ という関数に何か関係するテーマだろうということだった．そこですぐに思いついたのは，地図や絵だった．これらの関数は，地図の作成で必要不可欠であったし，絵画の基本技法である遠近法なども関係している．すなわち，$x$ メートル先の高さ $y$ メートルの建物は，$\tan\theta = \dfrac{y}{x}$ を満たす角度 $\theta$ によって，2次元平面の絵の中でその高さが表現される．

　こういった推理から，このパズルを解く鍵は「図」にあるのではないか，とおぼろげに考えた．確かにオイラーには，「図」に関係する素晴らしい業績がいくつかあった．
```

6.3 ケーニヒスベルグの橋

オイラーは，さまざまな難問を解決した有能な解答者だった．彼は，バーゼル問題をはじめ，船上のマストの配置，月の運行，流体力学，柱のたわみ，チェスのパズル，光学レンズなどといった多くの問題を解決した．しかも，単に解決しただけではない．しばしばその問題の本質を浮き彫りにしたことが，特定の問題の解決よりも大きな意味をもっていた．それゆえに，もとの問題から遠く離れたところでもその方法が再び利用され，ますますその影響は広がっていく．

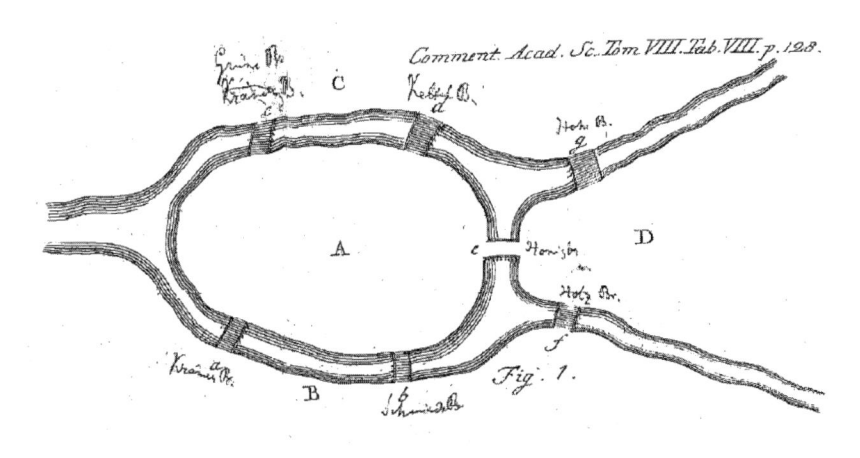

ケーニヒスベルグの 7 つの橋

28才の頃に解決した「ケーニヒスベルグの橋」という問題に関しても，その一端がうかがえる．問題は次のようなものである．ドイツのケーニヒスベルグという街に，上の図のように4つの飛び地があって，全部で7本の橋がかかっている．スタート地点はどこでも良いから，2度同じ橋を渡らずにすべての橋を渡ることはできるだろうか．

もちろんすべての道順を調べれば，いずれは解答が得られる．けれどもこの方法は，実際のところかなり面倒である．しかも，点や辺の数

がもっと多い場合には，この方法による解決は絶望的だろう．いったいどうすれば解決できるのだろうか．

問題を解く鍵
単純化
島・陸を縮めて点とし，橋を点と点とを結ぶ辺と考えよう．
一般化
点と辺から構成されるグラフの一筆書きの問題と考えよう．

ケーニヒスベルグの橋を，単純化の操作によってグラフにしてみると，以下のようになる．

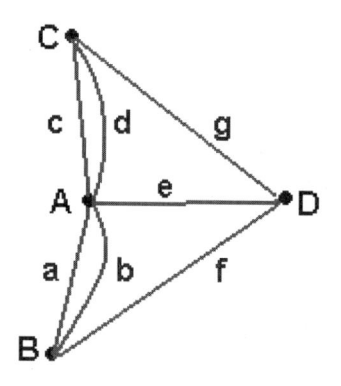

このグラフは一筆書き可能なのだろうか．なお，ここでのグラフとは連結した有限の平面グラフを意味するものとする．

「7つの橋」の問題で面白いのは，どの橋でも良いので1つ減らして「6つの橋」の問題にすると，必ず一筆書きが可能になるということである．だから，この問題における「7」という数は，とても重要である．

問題の答えを探るために，実例を調べることは大事である．そのために，いくつかのグラフを用意した．これらは一筆書きが可能かどう

か, それぞれのグラフの点・辺・面の個数, 各々の点から出る辺の個数などを調べてみよう.

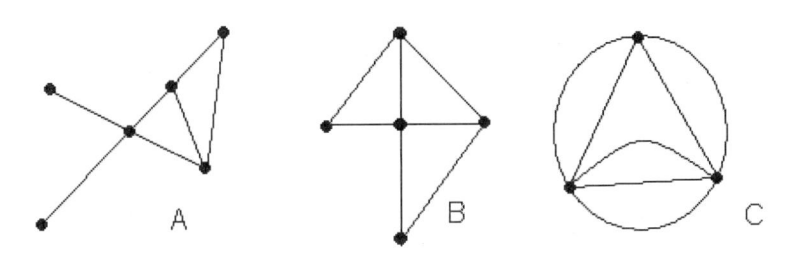

これらのグラフについて調べた結果を表にしてみると, 以下のようになる. なお, 面とは辺によって区分けされる領域のことで, グラフの外側の領域も加えることにする. また, 奇点とは奇数個の辺が出る点, 偶点とは偶数個の辺が出る点とする. この表をヒントにすると, 何かが見えてこないだろうか.

	一筆	点V	辺E	面F	奇点	偶点
七橋	×	4	7	5	4	0
A	×	6	7	3	4	2
B	○	5	7	4	2	3
C	○	3	7	6	2	1

それでは, オイラーが発見した一筆書きの定理を述べよう.

―― 一筆書きの定理 ――
一筆書きが可能なグラフとは, 奇点（奇数個の辺が出る点）が0個か2個のグラフのことである.

この定理が成り立つことを確かめてみよう. 実際に鉛筆をもって, 一筆書きをしながら読み進めてほしい.

始点は最初，1つの辺しか出ていない．この時点では奇点である．そして線を伸ばして辺を横切るとき，横切った交点では必ず出る辺が2つずつ増えるので奇点は奇点のまま，偶点は偶点のままである．何度か辺を横切った後，最後に終点を考える．
(1) 終点をそれまでの偶点だったところにすると，出る辺が1つ増えるので奇点になる．この場合，奇点の個数は始点と終点の2個になる．
(2) 終点を唯一の奇点だった始点にすると，この終点は偶点になる．この場合，奇点は0個になる．
以上のように，一筆書きできるグラフは，奇点が0個か2個のグラフに限られることが分かった．

では逆に，奇点が0個か2個のいかなるグラフに対しても，具体的に一筆書きが可能であることを示そう．まず，奇点が0個の場合は，どの点でも良いので下の図のように辺を離して，奇点を2個にする*. 2つの奇点 A, Z がそれぞれ始点，終点になるような一筆書きが可能であることを確かめよう．

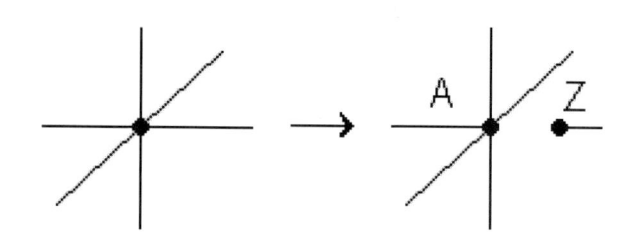

以降，始点 A から筆先である点 α が移動して，一筆書きをめざすものと考えよう．一度通った辺は二度と通ることは許されていないため，グラフの辺とはみなさず薄く表示する．また，グラフの辺が出ていない孤立した点は考慮する必要がないため，これもグラフの点とはみなさず薄く表示する．

---

*あとの議論で示すように，こうしてもグラフは2つに分かれない．

6 七つの橋⋯$\tan x, \cot x$ 95

具体的な一筆書きの方法に関しては, Fig.1 のグラフがヒントになる. このグラフを一筆書きする場合に, B の交差点で選んではならない唯一の道が z である. z の道を選んでしまうと, α はもう円には戻れず, 一筆書きは失敗する. α をふくむグラフと円のグラフとは分かれてしまったからだ.

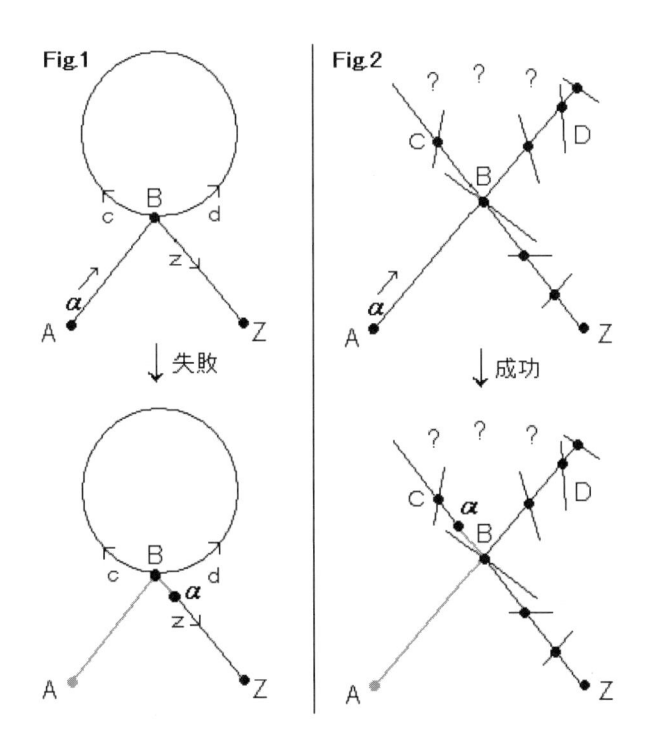

今度は, Fig.2 の複雑なグラフを考えよう. B においてどの道を選ぶべきなのか. もし, どの道を選んでも 2 つのグラフに分かれないならば, どの道でもかまわない. しかし, Fig.1 の下図のように分かれてしまう道があったとしよう. この道はもちろん避けなくてはならない.

実は，この道さえ避ければ良いのである．

グラフが2つに分かれる道をA→B→Zとしよう．すると，A→B→Cとすれば，決してグラフは2つに分かれないことを示そう．もともと連結していたのだから，分かれたとしてもせいぜいαをふくむグラフとZをふくむグラフの2つにしか分かれない．ところが，もしこれらが2つに分かれたとすると，奇点が足りなくなってしまう．なぜならば，

（点から出る辺の個数の和）＝ 2 ×（辺の個数）

となるためだ．上の等式の理由は簡単である．辺とは2つの点を結ぶ線分のことだから，それぞれの辺は（点から出る辺の個数の和）に2ずつ寄与する．すべての点から出る辺の個数の和を考えれば，上記の等式が成立することになる．

αをふくむグラフとZをふくむグラフが分かれたとすると，どちらのグラフにおいても奇点が少なくとももう1個ないと（点から出る辺の個数の和）が2の倍数にならない．なぜならαとZは奇点であるためだ．ところが，奇点は一筆書きをしている間ずっとαとZの2個しかないので，結局2つに分かれることはない．

以上により，交差点において避けなければならない道は，あったとしてもせいぜい1つしかないことが分かった．あとは，これらの危険な道を避けて進み続ければ良い．最終的には，αはすべての交差点が解消するまで進み続け，Zに到着する．これは，一筆書きが成功したことを意味する．

6.4 オイラー標数

オイラーの「図」に対する寄与は，一筆書きの問題にとどまらない．「オイラー標数」とよばれる大変重要な量の発見がある．その原型は次の定理である．

平面グラフのオイラー標数の定理

平面グラフにおける点の数 V と面の数 F を足し合わせると，辺の数 E と 2 を足し合わせたものに等しい．このことから，以下の等式が成立する．
$$V - E + F = 2.$$

先ほど調べた 4 つのグラフでは，確かにそうなっている．なぜこの等式が成立するのか考えてみよう．この問題に対しては，次の図がヒントになる．

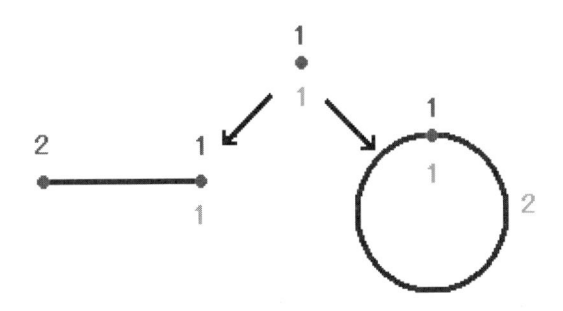

最も単純なグラフとは，1 点のみからなる中央上のグラフである．このとき，$V = 1, E = 0, F = 1$ であり，

$$V - E + F = 1 + 0 + 1 = 2.$$

このグラフの次に単純なグラフとは何だろうか．点か辺のどちらかは増やさなければならない．点が 1 つだけ増えるようなグラフを考える

と, その点がグラフと連結であるために辺が 1 つ必要になる. そのため, 前ページ左下のようなグラフが得られる. この場合,

$$V - E + F = (1+1) - (0+1) + (1+0) = 2.$$

次に点は増えず辺が 1 つだけ増えるようなグラフを考える. すると, ただ 1 つの点からその点にもどる辺しかないので, 前ページ右下のようなグラフとなる. この場合,

$$V - E + F = (1+0) - (0+1) + (1+1) = 2.$$

このように, 最も単純なグラフから 1 つずつ点または辺を増やし続けることによって, どんなグラフであっても必ず構成することができる.

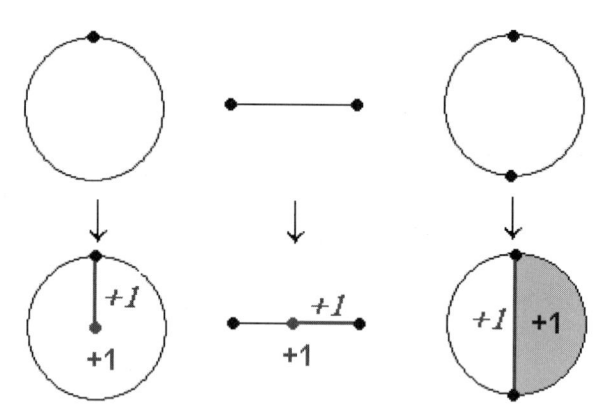

その構成の途中の点, 辺, 面の個数の変化について, 上の図を用いて考えてみよう. 左側のようにグラフ上にない位置に新たな点を増やすと, 連結であるために 1 つの辺を加えねばならない. 中央のようにグラフ上にある位置に点を増やすと, 辺が分割されることにより辺が 1 つ増える. 右側のように辺を 1 つ増やすと, その辺によって新たなループが 1 つ加わることになり面が 1 つ増える.

どの変化でも, $V - E + F = 2$ は決して変わらない.

6.5 双対グラフ

　最後に，双対グラフについて説明しよう．双対グラフとは，グラフの2つの面が辺で接するときに新たな辺で結び，さらに元のグラフのすべての面を収縮させて新たな点とすることによって，新たに構成されるグラフのことである．

　新たなグラフの点の数はもとのグラフの面の数であり，辺の数は変わらず，新しく得られたグラフの面の数はもとのグラフの点の数になっている．7つの橋のグラフの双対グラフは，下の右図のようになる．

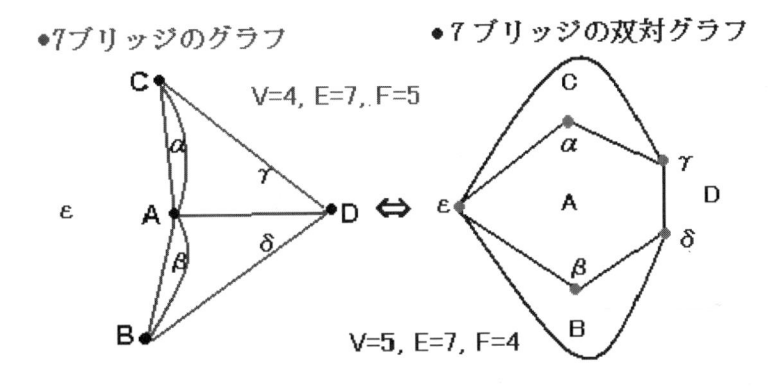

●7ブリッジのグラフ　　　　●7ブリッジの双対グラフ

V=4, E=7, F=5　　⇔　　V=5, E=7, F=4

　これでようやく，オイラーのパズルを解くための準備が整った．なぜオイラーは，$\tan x$ と $\cot x$ のリストにパズルを隠したのだろうか．128という誤差の意味とは，いったい何なのだろうか．さあ，オイラーがその才能を生かして作ったパズルに挑戦してみよう．

6.6 $\tan x$, $\cot x$ の解答

　前半の最後をしめくくるこのパズルは，相当に手ごわそうだった．誤差がわずかしかなく，しかも微妙な差であり，最初は手がかりがほとんどつかめなかった．

　まずは，誤差の個数の「7」という数字に注目した．オイラーと「7」という数字の関係で，真っ先に思い出されたのが，「ケーニヒスベルグの7つの橋」だった．これほど誰にでも分かりやすい具体的な問題で，しかも誰にでも分かりやすい主張の定理は珍しい．今回のパズルの主題がこれだと面白いのに，と誤差を楽譜に変換したときのように無邪気に思った．確かに $\tan x$ や $\cot x$ は，図を描く場合に必要な関数であるし，前回のパズルが聴覚に関係していたので，今回のパズルが視覚に関係するのは自然な流れでもあると思った．ただ，このあとどうやってパズルを解けば良いのか，見当がつかなかった．

　仕方がないので，まずはオイラーの原論文に当たってみることにした．「7つの橋」の問題は，数学者ならば大抵は知っていると思うが，原論文を見ている数学者は少ないだろう．今はネットで調べられるので，ずいぶんと楽である．その論文の複写をダウンロードして，ぱらぱらめくってみた．「なるほど，この図がケーニヒスベルグの7つの橋なのか」とひとり思いながら，少しだけ物知りになった気がした．他にも2つばかり図があって，きっとこれらも一筆書きの問題の例になっているのだろうと想像した．

　突然，あることに気がついた．

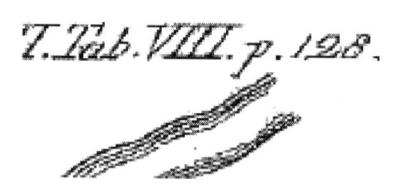

6 七つの橋⋯$\tan x, \cot x$　　　　　　　　　　　　101

7つの橋の右上に記されたページ番号だった．私は，あまりの唐突さに驚いてしまった．こんなに簡単に「128」が見つかるとは思ってもみなかったからだ．$128 = 2^7$ であることは分かっていたので，「7」と関係があるとは思っていた．だが，ここまではっきりと現れるとは驚きだった．すると，この図に何かのヒントがあるはずだと思った．

　私は，この図の奇妙なところに気がついた．e という橋だけが，他の橋と異なって白いまま異なった向きに描かれている．確かに，e という橋だけが，他のどの橋（辺）とも島・陸（点）を共有する特別な橋だ．

　じっとリストの誤差と橋の絵とを見比べてみた．

符号の並び－ － － ＋ － － －が絵に似ている．

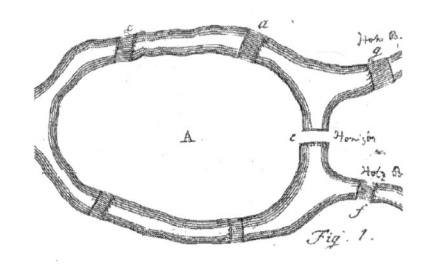

　どうやら符号によって，オイラーは7つの橋のグラフを，以下のグラフのように表現しているのではないか．

● 7ブリッジのグラフ

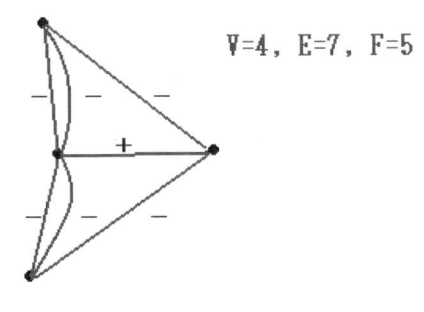

V=4, E=7, F=5

しかし，これだけではないだろうと思った．7個の誤差が，5個の誤差と2個の誤差に分けられたことの説明が足りなかった．私は，音楽のときのように，このリストを産み出した関数について考えてみた．これらのリストは，

$$\tan x = \frac{\sin x}{\cos x}, \qquad \cot x = \frac{\cos x}{\sin x}$$

の展開係数だった．2つの関数は，それぞれをお互いにひっくり返したものになっている．そこで，ようやく気がついた．

グラフをひっくり返せば，双対グラフになる．

7つの橋の問題はグラフの問題だった．$\sin x$ を点，——を辺，$\cos x$ を面に対応させると，見事にグラフとその双対グラフの関係が $\tan x$ と $\cot x$ の関係に結びつく．

$$\text{グラフ} = \frac{\text{点}}{\text{面}}, \qquad \text{双対グラフ} = \frac{\text{面}}{\text{点}}$$

この双対グラフで，$\tan x$ の誤差の数字を説明できるだろうか．まず，誤差の個数の「5」と言えば，7つの橋の双対グラフの点の個数であることに気がついた．それでは，辺の個数は7だから「$128 = 2^7$ の 7」に対応させているのだろうか．確かに，辺は「2つの点を結ぶ線分」だから 2 に対応させるのは自然であるし，辺はそれぞれつながっているので 2^7 と積でつなげる理由もよく分かる．残るは4つの「1」であり，「4」は領域の個数だった．こうして，次の図で5個の誤差がひとまず理解できた．

● 7 ブリッジの双対グラフ

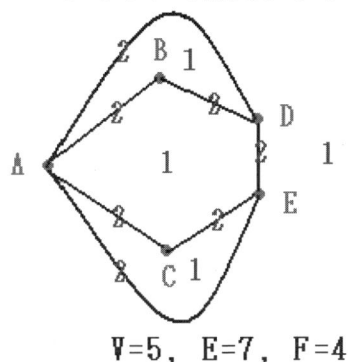

V=5, E=7, F=4

　それでは，$\cot x$ のリストの誤差の個数の「2」は，何を意味しているのだろうか．まず誤差の場所は，3 番目と 6 番目の係数にあるから，CF すなわち Figura（図）に対する CoFigura（対の図）だろうと思った．これは，Tangent と CoTangent の数値データにこのパズルを埋めこんだ理由を記していることになる．

　平面グラフに関して「2」と言えば，最も重要なオイラー標数 $V - E + F$ を思い出さずにはいられなかった．ケーニヒスベルグの橋のグラフのオイラー標数は 2 であり，その双対グラフでも 2 になって，それは変わらない．それだけではない．この数は平面上のすべての連結グラフで不変である．これですべての符号と数字が，ひとまず解釈ができたことになる．

　では，この前半最後のパズルの本当のテーマとは何だろうか．関数と図がひっくり返されたことを考えると，「逆転」というテーマが思いつく．そして，この問題の最も興味深い逆転は，「一筆書きの定理」と「オイラー標数の定理」の「逆転」ではないだろうか．すなわち，一筆書きの可能性については，七つの橋のグラフとその双対グラフとでは変化している．双対グラフの方では，奇点の個数が 2 になるためで

ある．ところがその一方で，オイラー標数はいかなる場合も不変だ．

一筆書きは 2 つに分かれ，
オイラー標数の 2 は同一である．

まさしく $\tan x$ と $\cot x$ との関係のように，この 2 つの重要な定理がひっくり返ってしまっている．なんと見事なオイラーの定理たちではないだろうか．

「一筆書きの定理」にしても，「オイラー標数の定理」にしても，言われてみれば誰でも気づけるような事実かもしれない．しかし，誰もがその重要性を認識しないときに，たったひとりでしっかりとそのことを考え続けるためには，大変な勇気がいる．そして，その孤独の中で，重要なことを重要だとしっかり主張できる人は，どの時代においても稀な存在である．天才とよばれるのは，そういった人々のことなのだろう．

オイラーは，これらの仕事によって，デカルトとともにトポロジーとよばれる分野の創始者となっている．しかし，この分野の本格的な研究は，その 100 年あまり後になってようやくはじまった．その真の重要性を見出したのは，またしても天才リーマンであった．

前半最後のパズルの数値の精度である 13 桁という中途半端な数は，第 2 章 3 節に示した『無限解析入門』のゼータ値のリストの個数に一致している．さらに，$\tan x$ と $\cot x$ ではベルヌーイ数がマクローリン展開の係数に現れ，ゼータ関数ではベルヌーイ数がゼータ値の中に現れている．このように，この章のテーマであった $\tan x$ と $\cot x$ は，ベルヌーイ数を通じてゼータ関数と密接に関わっている．次のパズルは，このゼータ関数の中に現れる．

7　ゼータ・オーケストラ$\cdots \zeta(x)$

『無限解析入門』の巻頭の「S」

―― オイラーをめぐる人々 5 ――

ベルンハルト・リーマン (1826-1866)

　ドイツのダンネンベルグ近郊で，牧師の息子として生まれる．ゲッチンゲン大学に入り，ガウスと出会う．ベルリン大学では，ディリクレ，ヤコビ，アイゼンシュタインから楕円関数論や偏微分方程式論を学ぶ．ガウスのもとで，『1変数複素関数の一般理論の基礎づけ』というテーマで学位を取得し，『幾何学の基礎にある仮説について』で大学教授資格を取得した．リーマン幾何学，リーマンζ関数，リーマン面，リーマン積分など多くの数学用語に彼の名前が冠されており，その影響の大きさを物語っている．

　本書の準主役であるゼータ関数の記号ζは，1859年の論文「与えられた数より小さい素数の個数について」の中で，リーマンが最初に用いたとされる．

7.1 ゼータ関数の姿

　ゼータ関数 — 現在では，数論の中心テーマともいえるほど高名な関数である．しかし，260年前にその美しさや不思議さに心を打たれた人がどれほどいただろうか．オイラーが求め続けたゼータ値を，さらに求め続けた者はいただろうか．オイラーが重要だと考えた Z の等式を，何としても示そうとした者はいただろうか．

　レオンハルト・オイラーは，自身の生涯をかけて，この関数の不思議を追い続けた．この関数に対するオイラーの力強い探究心を思うと，驚嘆せざるを得ない．バーゼルの問題というわずかな手がかりからはじまって，よくぞあの遥かな高みにいたるまで，オイラーはこの関数を追い求め続けたものだ．なぜオイラーは，孤独の中で，この関数をそこまで追い求め続けることができたのだろうか．

　実関数としての ζ 関数は，次ページ上のグラフのような姿をしている．正の無限の方向に進むと単調に 1 に近づき，負の無限の方向に進むと符号を無限回反転させながら振れ幅は無限に大きくなっていく．さらに，1 に正の方向から近づくとプラス無限大に，負の方向から近づくとマイナス無限大に近づいていく．

　複素関数としての ζ 関数はさらに複雑で，その絶対値の対数グラフを次ページ下に示した．対数グラフなので零点はマイナス無限大になる点である．このグラフを見ると，ゼータ関数の零点は実数軸上とそれに垂直に交わる直線上に限られそうなことに気づく．これが有名なリーマン予想であるが，もう少し詳しく後で述べることにする．

7.1 ゼータ関数の姿

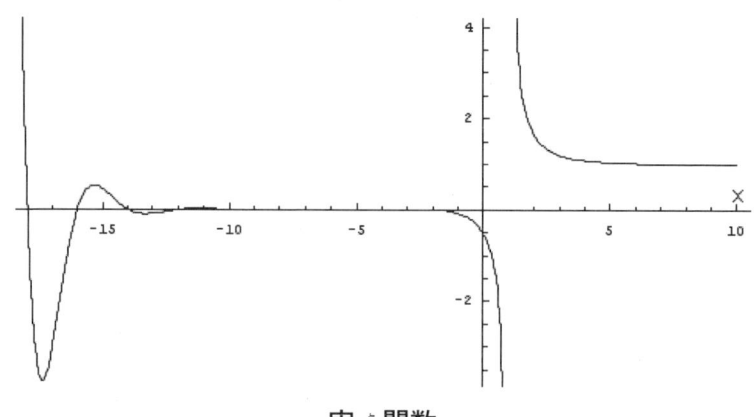

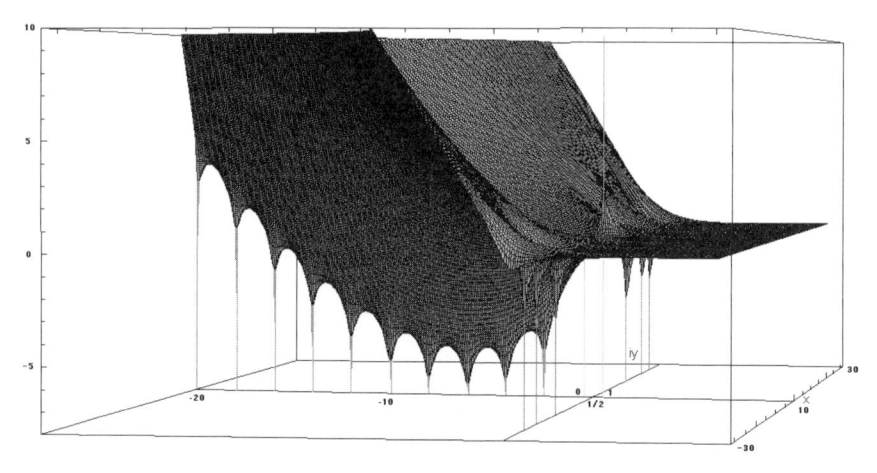

実ζ関数

複素ζ関数の絶対値の対数グラフ

7.2 近似値とオイラー・マクローリン法

オイラーはまず,バーゼル問題に現れた$\zeta(2)$の近似値を具体的に求めることからはじめた.この値を求めるのは,見かけよりずっと大変である.関数の定義通りに

$$1 + \frac{1}{2^2} + \frac{1}{3^2} + \cdots + \frac{1}{999^2} + \frac{1}{1000^2}$$

まで求めると,$1.6439\cdots$ となる.1000項の和を手計算で求めるのはかなり大変なことだが,それでも真の値 $\frac{\pi^2}{6} = 1.644934066\cdots$ とは小数点以下3桁目ですでに異なっている.つまり,この級数は収束が遅いため,正確な近似値を求めるためには,ずっと先の項の影響をうまく見積もる必要がある.

23才の頃,オイラーはまずライプニッツ流の微積分による方法を巧妙に用いて,$y + z = 1$ のときに

$$1 + \frac{1}{2^2} + \frac{1}{3^2} + \frac{1}{4^2} + \frac{1}{5^2} + \cdots$$
$$= \frac{y+z}{2} + \frac{y^2 + z^2}{2} + \frac{y^3 + z^3}{2} + \frac{y^4 + z^4}{2} + \cdots + \log y \log z$$

となることを示した.そして,$y = z = \frac{1}{2}$ を代入し,1.644934 という6桁までの近似値を求めた.この計算だと,およそ20項の和からこの近似値を手に入れることができる.

なお,定義通りそのまま足し合わせる方法だと,千万項を足し合わせても $1.64493396\cdots$ までしか求まらない.この千万項の和をひとりで計算しようとすると,40年間にわたり半日ずっと1分間に1回ずつの掛け算と割り算と足し算を続けることになる.そんな計算作業は,普通の人ならば遠慮したくなるだろう.

翌年オイラーは,無限和の近似値を精密に計算する画期的な方法「オイラー・マクローリン法」を開発する.ベルヌーイ数を巧みに用いて,たった数十項の和を求めるだけで,ゼータ値を小数点以下数十桁の精度で求めることができる.オイラーがいかにしてその方法を探し出したのか,以下に記しておこう.

$$S(x) = f(x) + f(x+\alpha) + f(x+2\alpha) + f(x+3\alpha) + f(x+4\alpha) + \cdots$$

と定義すると,

$$S(x+\alpha) = f(x+\alpha) + f(x+2\alpha) + f(x+3\alpha) + f(x+4\alpha) + \cdots$$

となる.したがって,

$$S(x+\alpha) - S(x) = -f(x).$$

一方,α を変数とするマクローリン展開から,$D = \dfrac{d}{dx}$(微分作用の記号)を用いると,

$$\begin{aligned} S(x+\alpha) &= S(x) + S'(x)\alpha + \frac{S''(x)}{2!}\alpha^2 + \frac{S^{(3)}(x)}{3!}\alpha^3 + \cdots \\ &= 1 \cdot S(x) + (\alpha D)S(x) + \frac{(\alpha D)^2}{2!}S(x) + \frac{(\alpha D)^3}{3!}S(x) + \cdots \\ &= \left(1 + (\alpha D) + \frac{(\alpha D)^2}{2!} + \frac{(\alpha D)^3}{3!} + \cdots\right)S(x) \\ &= e^{\alpha D}S(x). \end{aligned}$$

と表される.したがって,上記の表示と合わせると,

$$S(x+\alpha) - S(x) = -f(x) = (e^{\alpha D} - 1)S(x)$$

が成立する. そこで, 後の 2 つの式を大胆に $e^{\alpha D} - 1$ で割ると,

$$\begin{aligned}
S(x) &=_? -\frac{1}{e^{\alpha D} - 1} f(x) = -\frac{\alpha D}{e^{\alpha D} - 1} \frac{1}{\alpha D} f(x) \\
&= -\left(\frac{(\alpha D) e^{\alpha D}}{e^{\alpha D} - 1} - (\alpha D) \right) \frac{1}{\alpha D} f(x) \\
&= -\left(\sum_{k=0}^{\infty} \frac{B_k}{k!} (\alpha D)^k - (\alpha D) \right) \frac{1}{\alpha} \int f(x) dx \\
&= -\frac{1}{\alpha} \int f(x) dx + \frac{1}{2} f(x) - \sum_{n=2}^{\infty} \frac{B_k}{k!} (\alpha D)^{k-1} f(x)
\end{aligned}$$

という等式が得られる (!?)

この等式をゼータ関数に適用してみよう. まず, ゼータ関数 $\zeta(s)$ を有限和とその残りの無限和の 2 つに分ける.

$$\zeta(s) = \sum_{n=1}^{\infty} \frac{1}{n^s} = \sum_{n=1}^{a-1} \frac{1}{n^s} + \sum_{n=0}^{\infty} \frac{1}{(a+n)^s}.$$

ここで, $f(x) = \dfrac{1}{(x+a)^s}$, $\alpha = 1$ として, $S(x)$ の等式 (?) を適用すると,

$$\sum_{n=0}^{\infty} \frac{1}{(a+n)^s} = S(0) =_? \frac{1}{s-1} \frac{1}{a^{s-1}} + \frac{1}{2} \frac{1}{a^s} \\
+ \sum_{k=2}^{\infty} \frac{B_k}{k!} \frac{s(s+1) \cdots (s+k-2)}{a^{s+k-1}}$$

が得られる (!?) 実際に $s = 2$ や $a = 10$ などとして, 右辺を計算してみると, k が大きくなるにつれていったん収束しそうになる. ところが, さらに k を大きくすると, 今度は大きな振動を繰り返すようになってしまう. 左辺は収束するのだから, 上の式は正しくないようだ.

もちろん，オイラーはそういったことは分かっていて，「項が発散しはじめるまで，和をとって計算すれば良い」としている．実は，この等式の修正は容易である．部分積分法を用いて，次のような形に表すことができる*．

---- **オイラー・マクローリン法** ----

$$\sum_{n=0}^{m-1} f(n) = \int_0^m f(x)dx - \frac{1}{2}(f(m) - f(0))$$
$$+ \sum_{k=2}^{2j} \frac{B_k}{k!}(f^{(k-1)}(m) - f^{(k-1)}(0))$$
$$- \int_0^m \frac{B_{2j}(\{x\})}{(2j)!} f^{(2j)}(x)dx.$$

ただし，$\dfrac{xe^{tx}}{e^x - 1} = \sum_{n=0}^{\infty} \dfrac{B_n(t)}{n!} x^n$ （ベルヌーイ多項式）

$\{x\} = x - [x], [x] = (x を超えない最大の整数)$．

---- **オイラー・マクローリン法の ζ 関数への適用** ----

無限和の部分に公式 $(m = \infty)$ を適用する．

$$\zeta(s) = \sum_{n=1}^{a-1} \frac{1}{n^s} + \frac{1}{s-1}\frac{1}{a^{s-1}} + \frac{1}{2}\frac{1}{a^s}$$
$$+ \sum_{k=2}^{2j} \frac{B_k}{k!} \frac{s(s+1)\cdots(s+k-2)}{a^{s+k-1}}$$
$$- \int_0^{\infty} \frac{B_{2j}(\{x\})}{(2j)!} \frac{s(s+1)\cdots(s+2j-1)}{(x+a)^{s+2j}} dx.$$

最後の項が，近似値計算では誤差項となる．a を大きくとれば，誤差項は小さくなる．オイラーが主張していたことは，各 s, a に対して，こ

---
*詳しい計算や証明については参考文献 [12, 第 4 章]

7 ゼータ・オーケストラ…$\zeta(x)$

の誤差項が小さいような $2j$ まで計算すれば良いということだろう．

　10進法で計算する場合は，$a=10, a=20\cdots$ などとすれば計算が楽であり，オイラーも $s=-\dfrac{1}{2}, \dfrac{3}{2}$ におけるゼータ関数値の近似値を $a=10$ として計算している．

　オイラー・マクローリン法は，ゼータ値の近似値を高速に求めるのに有効な計算方法である．だが，実はそれだけではなかった．この方法こそが，あの太陽と月の美しい等式を導き出す鍵でもあった．すなわち，この方法を用いると，月のゼータ値だけでなく太陽のゼータ値も求めることができたのである*．

féries par leurs termes généraux. Soit donc X une fonction quelconque de x, représentée en forte $X = f: x$, & confidérons cette férie continuée à l'infini

$$f:x + f:(x+\alpha) + f:(x+2\alpha) + f:(x+3\alpha) + f:(x+4\alpha) + \&c.$$

dont les termes suivans foyent de femblables fonctions de $x+\alpha$, $x+2\alpha$, $x+3\alpha$, &c. & pofons la fomme de cette férie $=S$, qui étant auffi une fonction de x, fi l'on y met $x+\alpha$ au lieu de x, d'où elle devient

$$S + \frac{\alpha dS}{1\,dx} + \frac{\alpha^2 ddS}{1.2\,dx^2} + \frac{\alpha^3 d^3S}{1.2.3\,dx^3} + \frac{\alpha^4 d^4S}{1.2.3.4\,dx^4} + \&c.$$

cette expreffion fera la fomme de la férie

$$f:(x+\alpha) + f:(x+2\alpha) + f:(x+3\alpha) + f:(x+4\alpha) + \&c.$$

& partant égale à $S - f: x = S - X$, de forte que

$$-X = \frac{\alpha dS}{1\,dx} + \frac{\alpha^2 ddS}{1.2\,dx^2} + \frac{\alpha^3 d^3S}{1.2.3\,dx^3} + \frac{\alpha^4 d^4S}{1.2.3.4\,dx^4} + \&c.$$

Or de cette équation on trouve par la méthode que j'ai expofée ailleurs

$$S = -\frac{1}{\alpha}\int X\,dx + \frac{1}{2}X - \frac{\alpha A\,dX}{2\,dx} + \frac{\alpha^3 B\,d^3X}{2^3\,dx^3} - \frac{\alpha^5 C\,d^5X}{2^5\,dx^5} + \&c.$$

オイラー・マクローリン法

---
*解説は第9章1節．

7.3 バーゼル問題と無限解析

オイラーが 27 才の頃, ついに大きな果実を手にすることになった. とうとう自分自身の手で, バーゼル問題を解決したのである. しかも, 単純で優雅な解決方法だった.

$f(s) = 1 - \sin s$ を無限和と無限積で表そう. まず, 無限和の方は, $\sin s$ のマクローリン展開を用いて,

$$f(s) = 1 - s + \frac{s^3}{3!} - \frac{s^5}{5!} + \frac{s^7}{7!} - \cdots$$

となる. 一方,

$$f\left(\frac{\pi}{2} + 2n\pi\right) = 1 - \sin\frac{\pi}{2} = 0$$

$$f'\left(\frac{\pi}{2} + 2n\pi\right) = -\cos\frac{\pi}{2} = 0$$

$$f''\left(\frac{\pi}{2} + 2n\pi\right) = \sin\frac{\pi}{2} \neq 0$$

となるため, $f(s) = 0$ は $s = \frac{\pi}{2} + 2n\pi$ で2重根をもつと考えられる. 定数項が1であり他には零点はないため, 無限積は

$$f(s) = \left(1 - \frac{s}{\pi/2}\right)^2 \left(1 - \frac{s}{-3\pi/2}\right)^2 \left(1 - \frac{s}{5\pi/2}\right)^2 \\ \left(1 - \frac{s}{-7\pi/2}\right)^2 \left(1 - \frac{s}{9\pi/2}\right)^2 \cdots$$

と表されるはずである.

そこで, 無限積を展開して s のベキ和で表し, 無限和の係数と比較すれば, ゼータ値が計算できるはずである. 無限と無限を比べてゼータ値を求めるという, まさに優雅な解法だった.

7 ゼータ・オーケストラ$\cdots\zeta(x)$

まず, s の係数の比較から, 次の等式が得られる.

$$-1 = 2 \times \frac{2}{\pi}\left(-1 + \frac{1}{3} - \frac{1}{5} + \frac{1}{7} - \cdots\right).$$

この等式から, ライプニッツが得ていた円周率の公式が得られる.

さらに, s^2 の係数を比較と上の等式を用いることにより, 以下の等式が得られる.

$$0 = \left(\frac{2}{\pi}\right)^2 \left\{2 \times \left(-\frac{\pi}{4}\right)^2 - \left(1 + \frac{1}{3^2} + \frac{1}{5^2} + \cdots\right)\right\}.$$

ここで, 次の「素数 2 のオイラー因子」とよばれる k の関数:

$$\frac{1}{1 - \frac{1}{2^k}} = 1 + \frac{1}{(2^k)^1} + \frac{1}{(2^k)^2} + \frac{1}{(2^k)^3} + \cdots$$

の $k = 2$ の値を用いると,

$$\begin{aligned}
\zeta(2) &= \frac{1}{1^2} + \frac{1}{2^2} + \frac{1}{3^2} + \frac{1}{4^2} + \frac{1}{5^2} + \cdots \\
&= \left(1 + \frac{1}{(2^2)^1} + \frac{1}{(2^2)^2} + \frac{1}{(2^2)^3} + \frac{1}{(2^2)^4} + \cdots\right) \\
&\quad \left(\frac{1}{1^2} + \frac{1}{3^2} + \frac{1}{5^2} + \frac{1}{7^2} + \frac{1}{9^2} + \cdots\right) \\
&= \frac{1}{1 - \frac{1}{2^2}} \left(\frac{1}{1^2} + \frac{1}{3^2} + \frac{1}{5^2} + \frac{1}{7^2} + \frac{1}{9^2} + \cdots\right) \\
&= \frac{4}{3} \frac{\pi^2}{8} = \frac{\pi^2}{6}.
\end{aligned}$$

こうして, バーゼル問題は解決した.

この方法は確かに単純で優雅だったが, 同時代の数学者が指摘したように, 精密な証明とするには無限積関数の基礎づけなど, まだ乗り越

えなければならない壁があった．その壁に立ち向かうべく，オイラーは「関数」の研究に突き進む．それは，本質的な無限への挑戦だった．

　この無限の研究によって得られた成果が，彼の高名な解析3部作を形作っていくことになる．そして，この解析手法が科学者たちの間に広く知れわたることになり，科学理論と技術は大幅な進歩を遂げる．さらに科学の進歩は，科学を知らない一般市民の生活をも変えていくことになる．

　大きな果実を手にしたこの年，オイラーは一年前に結婚した妻カタリーナとの間に，はじめての子供を授かった．このあと彼らは，12人の子供を授かることになる．

muto aequationem propositam in hanc formam: $0 = x - \frac{s}{y} + \frac{s^3}{1.2.3.y} - \frac{s^5}{1.2.3.4.5.y} +$ etc. Si nunc omnes radices huius aequationis seu omnes arcus, quorum idem est sinus y, fuerint A, B, C, D, E etc. tum factores quoque erunt omnes istae quantitates, $1-\frac{s}{A}, 1-\frac{s}{B}, 1-\frac{s}{C}, 1-\frac{s}{D}$ etc. Quamobrem erit $1 - \frac{s}{y} + \frac{s^3}{1.2.3.y} - \frac{s^5}{1.2.3.4.5.y} +$ etc. $= (1-\frac{s}{A})(1-\frac{s}{B})(1-\frac{s}{C})(1-\frac{s}{D})$ etc.

§. 6. Ex natura autem et resolutione aequationum constat, esse coëfficientem termini, in quo inest s, seu

無限和と無限積

7.4 オイラー積とリーマン予想

バーゼル問題で登場したオイラー因子とは, 各素数 p ごとに以下で定義される k の関数である.

$$\frac{1}{1-\frac{1}{p^k}} = 1 + \frac{1}{(p^k)^1} + \frac{1}{(p^k)^2} + \frac{1}{(p^k)^3} + \cdots.$$

素因数分解の一意性から, 自然数は $n = p_1^{e_1} p_2^{e_2} p_3^{e_3} \cdots p_r^{e_r}$ という形に表され,

$$\frac{1}{n^k} = \frac{1}{(p_1^{e_1})^k (p_2^{e_2})^k (p_3^{e_3})^k \cdots (p_r^{e_r})^k} = \frac{1}{(p_1^k)^{e_1}} \frac{1}{(p_2^k)^{e_2}} \cdots \frac{1}{(p_r^k)^{e_r}}$$

となる. このことに注意すると, ゼータ関数は以下のように全素数のオイラー因子たちの積で表されることが分かる.

$$\begin{aligned}
\zeta(k) &= \frac{1}{1^k} + \frac{1}{2^k} + \frac{1}{3^k} + \frac{1}{4^k} + \frac{1}{5^k} + \cdots + \frac{1}{n^k} + \cdots \\
&= \left(1 + \frac{1}{(2^k)^1} + \frac{1}{(2^k)^2} + \frac{1}{(2^k)^3} + \cdots\right) \\
&\left(1 + \frac{1}{(3^k)^1} + \frac{1}{(3^k)^2} + \frac{1}{(3^k)^3} + \cdots\right) \\
&\left(1 + \frac{1}{(5^k)^1} + \frac{1}{(5^k)^2} + \frac{1}{(5^k)^3} + \cdots\right) \\
&\left(1 + \frac{1}{(7^k)^1} + \frac{1}{(7^k)^2} + \frac{1}{(7^k)^3} + \cdots\right) \\
&\left(1 + \frac{1}{(11^k)^1} + \frac{1}{(11^k)^2} + \frac{1}{(11^k)^3} + \cdots\right) \\
&\quad\cdots\cdots \\
&= \prod_{p:\text{素数}} \frac{1}{1 - \frac{1}{p^k}} = \prod_{p:\text{素数}} \frac{p^k}{p^k - 1}.
\end{aligned}$$

なお, オイラーの論文では, 次のような形で表されている.

Theorema 8.

Si ex serie numerorum primorum sequens formetur expressio

$$\frac{2^n \cdot 3^n \cdot 5^n \cdot 7^n \cdot 11^n \cdot \text{etc.}}{(2^n-1)(3^n-1)(5^n-1)(7^n-1)(11^n-1) \text{ etc.}}$$

erit eius valor aequalis summae huius seriei

$$1 + \frac{1}{2^n} + \frac{1}{3^n} + \frac{1}{4^n} + \frac{1}{5^n} + \frac{1}{6^n} + \frac{1}{7^n} + \text{etc.}$$

オイラー積

驚くべきことに, この単純に見える積表示は, 素数が無限個存在することの新たな証明を与えることになった. この証明について解説しよう. まず,

$$S_n = 1 + \frac{1}{2} + \frac{1}{3} + \cdots + \frac{1}{n}$$

とおく.

$$\frac{1}{2^m+1} + \frac{1}{2^m+2} + \cdots + \frac{1}{2^m+2^m} \geq 2^m \cdot \frac{1}{2^m+2^m} = \frac{1}{2}$$

となることに注意すると,

$$\begin{aligned}\lim_{n\to\infty} S_n &= 1 + \frac{1}{2} + \left(\frac{1}{3} + \frac{1}{4}\right) + \left(\frac{1}{5} + \frac{1}{6} + \frac{1}{7} + \frac{1}{8}\right) + \cdots \\ &\geq 1 + \frac{1}{2} + \frac{1}{2} + \frac{1}{2} + \cdots \\ &= 1 + \frac{1}{2} \cdot \infty\end{aligned}$$

より, $\lim_{n\to\infty} S_n = \infty$ となることが分かる.

7 ゼータ・オーケストラ $\cdots \zeta(x)$

一方,
$$\pi(x) = (x \text{ 以下の素数の個数})$$

と定義し, $p_1 = 2, p_2 = 3, p_3 = 5, p_4 = 7, \cdots$ と表すことにする. このとき, n 以下の自然数の最大の素因数は $p_{\pi(n)}$ であることに注意すると, オイラー積によって,

$$\begin{aligned}
S_n &= 1 + \frac{1}{p_1^1} + \frac{1}{p_2^1} + \frac{1}{p_1^2} + \frac{1}{p_3^1} + \frac{1}{p_1^1 p_2^1} + \cdots + \frac{1}{p_{\pi(n)}^1} + \cdots + \frac{1}{n} \\
&< \left(1 + \frac{1}{p_1^1} + \frac{1}{p_1^2} + \frac{1}{p_1^3} + \cdots\right) \\
&\quad \left(1 + \frac{1}{p_2^1} + \frac{1}{p_2^2} + \frac{1}{p_3^3} + \cdots\right) \\
&\quad \cdots\cdots\cdots \\
&\quad \left(1 + \frac{1}{p_{\pi(n)}^1} + \frac{1}{p_{\pi(n)}^2} + \frac{1}{p_{\pi(n)}^3} + \cdots\right) = \prod_{i=1}^{\pi(n)} \frac{1}{1 - \frac{1}{p_i}}.
\end{aligned}$$

n を大きくすると, S_n はいくらでも大きくなるので, $\pi(n)$ も同様に大きくならなくてはならない. なぜなら, $\pi(n)$ が有界であったすると, n が十分大きいとき最後の積はある一定の値になってしまうからである. 以上により, 素数は無限個存在する.

　この証明は, 素数の無限性を, $s = 1$ における $\zeta(s)$ の無限性に帰着させている. このような意味で, $\pi(x)$ を $\zeta(s)$ を用いて評価する素数研究の重要な方向に実質的につながっている. その究極ともいえる問題が, 次の高名なリーマン予想であり, 後半はリーマンの主張の精密化になっている.

―― リーマン予想 ――

ゼータ関数 $\zeta(s)$ の零点は，負の偶数および実部が $\frac{1}{2}$ となる複素数だけである．これは，以下のような素数の個数に関する主張と同値になる．
$$\pi(x) = \int_2^x \frac{1}{\log t} dt + O(\sqrt{x} \log x).$$
ここで，$f(x) = O(g(x))$ とは，$x \to \infty$ において $\frac{f(x)}{g(x)}$ が有界であることを意味する．

1節の複素ゼータ関数のグラフをもう一度見てみよう．対数値が負の無限となるのが零点であり，確かに2つの直線上に並んでいる．さらにずっと先の零点を数値計算によって調べてみても，これらの2直線上にしか零点はないようなのである．現在われわれが調べられる範囲では，リーマン予想は成り立っている．ただし，リーマン予想の証明は，2007年の現時点では見つかっていない．

さあ，次はとうとうゼータのパズルである．
オイラーがその美しさを称賛したゼータだ．
どんな最高のパズルを隠したのだろうか．

7.5 $\zeta(x)$ のパズル

PA ゼータ値に関連する近似値

$$A = 1 + \frac{1}{3^2} + \frac{1}{5^2} + \frac{1}{7^2} + \frac{1}{9^2} + \&c.$$

$$B = 1 + \frac{1}{3^4} + \frac{1}{5^4} + \frac{1}{7^4} + \frac{1}{9^4} + \&c.$$

$$C = 1 + \frac{1}{3^6} + \frac{1}{5^6} + \frac{1}{7^6} + \frac{1}{9^6} + \&c.$$

$$D = 1 + \frac{1}{3^8} + \frac{1}{5^8} + \frac{1}{7^8} + \frac{1}{9^8} + \&c.$$

&c.

erit $l\pi = l4 - (A-1) - \frac{1}{2}(B-1) - \frac{1}{3}(C-1) - \frac{1}{4}(D-1) - \&c.$

Est vero, summis supra inventis proxime exprimendis,

$A =$ 1, 23370055013616982735431
$B =$ 1, 01467803160419205454625
$C =$ 1, 00144707664094212190647
$D =$ 1, 00015517902529611930298
$E =$ 1, 00001704136304482550816
$F =$ 1, 00000188584858311957590
$G =$ 1, 00000020924051921150010
$H =$ 1, 00000002323715737915670
$I =$ 1, 00000000258143755665977
$K =$ 1, 00000000028680769745558
$L =$ 1, 00000000003186677514044
$M =$ 1, 00000000000354072294392
$N =$ 1, 00000000000039341246691
$O =$ 1, 00000000000004371244859
$P =$ 1, 00000000000000485693682
$Q =$ 1, 00000000000000053965957
$R =$ 1, 00000000000000005996217
$S =$ 1, 00000000000000000666246
$T =$ 1, 00000000000000000074027
$V =$ 1, 00000000000000000008225
$W =$ 1, 00000000000000000000913
$X =$ 1, 00000000000000000000101

PB ゼータ値に関連する近似値

$$\alpha = \frac{1}{2^2} + \frac{1}{4^2} + \frac{1}{6^2} + \frac{1}{8^2} + \&c.$$

$$\beta = \frac{1}{2^4} + \frac{1}{4^4} + \frac{1}{6^4} + \frac{1}{8^4} + \&c.$$

$$\gamma = \frac{1}{2^6} + \frac{1}{4^6} + \frac{1}{6^6} + \frac{1}{8^6} + \&c.$$

$$\delta = \frac{1}{2^8} + \frac{1}{4^8} + \frac{1}{6^8} + \frac{1}{8^8} + \&c.$$

&c.

erunt summæ in numeris proxime expressæ hæ:

α = 0,411233516712056669118101

β = 0,067645210694613696975

γ = 0,015895985343507017808041

δ = 0,003922177172648220075701

ε = 0,000977533764773259848981

ξ = 0,000244200704724928722741

η = 0,00006103889453949332915

θ = 0,0000152590225127269977

ι = 0,00000381471182744318008

$\varkappa$ = 0,00000095367522617534053

λ = 0,0000002384186359525915

μ = 0,0000000596046483283155

ν = 0,00000001490116141589813

ζ = 0,000000003725290312339861

o = 0,00000000093132257548284

π = 0,00000000023283064370807

ρ = 0,000000000058207660916851

σ = 0,0000000000145519152285811

τ = 0,0000000000036379788071011

υ = 0,00000000000909494701771

ϕ = 0,00000000000227373675441

χ = 0,0000000000005684341886

ψ = 0,00000000000014210854711

ω = 0,000000000000035527136711

7 ゼータ・オーケストラ…$\zeta(x)$

PC 素数ベキ和 $v(n)$ の近似値

$$\frac{1}{2^n} + \frac{1}{3^n} + \frac{1}{5^n} + \frac{1}{7^n} + \frac{1}{11^n} + \frac{1}{13^n} + \frac{1}{17^n} + \&c.,$$

fi fit   erit fumma Seriei

$n =$	2;	0, 452247420041222
$n =$	4;	0, 076993139764252
$n =$	6;	0, 017070086850639
$n =$	8;	0, 004061405366515
$n =$	10;	0, 000993603573633
$n =$	12;	0, 000246026470033
$n =$	14;	0, 000061244396725
$n =$	16;	0, 000015282026219
$n =$	18;	0, 000003817278702
$n =$	20;	0, 000000953961123
$n =$	22;	0, 000000238450446
$n =$	24;	0, 000000059608184
$n =$	26;	0, 000000014901555
$n =$	28;	0, 000000003725333
$n =$	30;	0, 000000000931323
$n =$	32;	0, 000000000232830
$n =$	34;	0, 000000000058207
$n =$	36;	0, 000000000014551

> **M, N, S の定義**
>
> $$M = 1 + \frac{1}{2^n} + \frac{1}{3^n} + \frac{1}{4^n} + \frac{1}{5^n} + \frac{1}{6^n} + \&c.$$
>
> $$N = 1 + \frac{1}{2^{2n}} + \frac{1}{3^{2n}} + \frac{1}{4^{2n}} + \frac{1}{5^{2n}} + \frac{1}{6^{2n}} + \&c.,$$
>
> $$S = \frac{1}{2^n} + \frac{1}{3^n} + \frac{1}{5^n} + \frac{1}{7^n} + \frac{1}{11^n} + \frac{1}{13^n} + \&c.$$

　オイラーは, ゼータ値の近似値を求めるときに, 少なくとも二種類の計算方法を利用できた. 1つはベルヌーイ数と円周率から計算する方法であり, もう1つはオイラー・マクローリン法によるものである. だから, 検算をしようと思えば容易にできたはずなのである. 検算にかかる時間は, もとの計算と同じくらいであることが多い. だからおよそ2倍の時間をかけてそれらが一致することを確かめさえすれば, 自分の計算が正しいという相当な安心感を得ることができる. 計算家にとって検算が重要であるのは, 言うまでもないことである.

　なお, 素数 p が非正則素数であるかどうかを判定するだけならば, 必ずしもベルヌーイ数を正確に求める必要はない. 番号が大きいベルヌーイ数は, 分子が巨大であるために扱いがやっかいである. 求めるべきことは,「分子が素数 p で割れるかどうか」なのだから, 漸化式も p で割った余りとして扱えば良い. そして, その漸化式によって, ベルヌーイ数を p で割ったときの余りを次々に $p-3$ 番まで求めれば, 非正則素数かどうかを判定できる. こういった計算は,「素数 p を法とした計算」とよばれ, 計算をかなり楽にしてくれる.

7 ゼータ・オーケストラ $\cdots \zeta(x)$

PCの計算アルゴリズム

Step 1

$$\frac{1}{2^n}$$

Step 2

$$S = (M-1)(1-\frac{1}{2^n})(1-\frac{1}{3^n}) + \frac{1}{6^n} - \frac{1}{25^n} - \frac{1}{35^n} - \frac{1}{45^n} - \&c..$$

Step 3

$$lM = +1(\frac{1}{2^n} + \frac{1}{3^n} + \frac{1}{5^n} + \frac{1}{7^n} + \frac{1}{11^n} + \&c.)$$
$$+ \frac{1}{2}(\frac{1}{2^{2n}} + \frac{1}{3^{2n}} + \frac{1}{5^{2n}} + \frac{1}{7^{2n}} + \frac{1}{11^{2n}} + \&c.)$$
$$+ \frac{1}{3}(\frac{1}{2^{3n}} + \frac{1}{3^{3n}} + \frac{1}{5^{3n}} + \frac{1}{7^{3n}} + \frac{1}{11^{3n}} + \&c.)$$
$$+ \frac{1}{4}(\frac{1}{2^{4n}} + \frac{1}{3^{4n}} + \frac{1}{5^{4n}} + \frac{1}{7^{4n}} + \frac{1}{11^{4n}} + \&c.)$$
$$\&c.$$

Step 4

Ex his conjunctis fiet $\quad lM - \frac{1}{2}lN =$

$$+1(\frac{1}{2^n} + \frac{1}{3^n} + \frac{1}{5^n} + \frac{1}{7^n} + \frac{1}{11^n} + \&c.)$$
$$+ \frac{1}{3}(\frac{1}{2^{3n}} + \frac{1}{3^{3n}} + \frac{1}{5^{3n}} + \frac{1}{7^{3n}} + \frac{1}{11^{3n}} + \&c.)$$
$$+ \frac{1}{5}(\frac{1}{2^{5n}} + \frac{1}{3^{5n}} + \frac{1}{5^{5n}} + \frac{1}{7^{5n}} + \frac{1}{11^{5n}} + \&c.)$$
$$+ \frac{1}{7}(\frac{1}{2^{7n}} + \frac{1}{3^{7n}} + \frac{1}{5^{7n}} + \frac{1}{7^{7n}} + \frac{1}{11^{7n}} + \&c.)$$
$$\&c.$$

───── 正値 − PA（間違い探し）─────

$$\zeta(k)\left(1 - \frac{1}{2^k}\right)$$

```
02   1.23370055013616982735431
04   1.01467803160419205454625
06   1.00144707664094212190647
08   1.00015517902529611930298
10   1.00001704136304482548818
12   1.00000188584858311957590
14   1.00000020924051921150010
16   1.00000002323715737915670
18   1.00000000258143755665977
20   1.00000000028680769745558
22   1.00000000003186677514044
24   1.00000000000354072294392
26   1.00000000000039341246691
28   1.00000000000004371244859
30   1.00000000000000485693682
32   1.00000000000000053965957
34   1.00000000000000005996217
36   1.00000000000000000666246
38   1.00000000000000000074027
40   1.00000000000000000008225
42   1.00000000000000000000913
44   1.00000000000000000000101
```

正値−PB（間違い探し）

$$\zeta(k)\frac{1}{2^k}$$

02	0.4112335167120566091810
04	0.06764520210694613696975
06	0.01589598534350701780804
08	0.00392217717264822007570
10	0.00097753376477325984896
12	0.00024420070472492872273
14	0.00006103889453949332915
16	0.00001525902225127271503
18	0.00000381471182744318008
20	0.00000095367522617534053
22	0.00000023841863595259255
24	0.00000005960464832831555
26	0.00000001490116141589813
28	0.00000000372529031233986
30	0.00000000093132257548284
32	0.00000000023283064370808
34	0.00000000005820766091685
36	0.00000000001455191522858
38	0.00000000000363797880710
40	0.00000000000090949470177
42	0.00000000000022737367545
44	0.00000000000005684341886
46	0.00000000000001421085471
48	0.00000000000000355271368

--- 正値 − PC（間違い探し） ---

$$v(k) = \sum_{p:\text{素数}} \frac{1}{p^k}$$

02　0.452247420041065
04　0.076993139764246
06　0.017070086850637
08　0.004061405366518
10　0.000993603574437
12　0.000246026470035
14　0.000061244396725
16　0.000015282026219
18　0.000003817278702
20　0.000000953961124
22　0.000000238450446
24　0.000000059608184
26　0.000000014901555
28　0.000000003725333
30　0.000000000931326
32　0.000000000232830
34　0.000000000058207
36　0.000000000014551

───── 誤差－PABC ─────

PA

$E10$ $+0.00000000000000000001998$

PB

10    $+0.00000000000000000000002$
12    $+0.00000000000000000000001$
16    $-0.00000000000000000001526$
22    $-0.00000000000000000000101$
32    $-0.00000000000000000000001$
42    $-0.00000000000000000000001$
48    $-0.00000000000000000000001$

PC

02    $+0.000000000000157$
04    $+0.000000000000006$
06    $+0.000000000000002$
08   -0.000000000000003
10   -0.000000000000804
12   -0.000000000000002
20   -0.000000000000001
30   -0.000000000000003

$\zeta(1-k)$ の分子に現れる非正則素数 $(p < 1000)$

素数 p	指数 k	素数 p	指数 k	素数 p	指数 k
37	32	421	240	677	628
59	44	433	366	683	32
67	58	461	196	691	12, 200
101	68	463	130	727	378
103	24	467	94, 194	751	290
131	22	491	292, 336, 338	757	514
149	130	523	400	761	260
157	62, 110	541	86	773	732
233	84	547	270, 486	797	220
257	164	557	222	809	330, 628
263	100	577	52	811	544
271	84	587	90, 92	821	744
283	20	593	22	827	102
293	156	607	592	839	66
307	88	613	522	877	868
311	292	617	20, 174, 338	881	162
347	280	619	428	887	418
353	186, 300	631	80, 226	929	520, 820
379	100, 174	647	236, 242, 554	953	156
389	200	653	48	971	166
401	382	659	224		
409	126	673	408, 502		

7.6 $\zeta(x)$ の解答

ゼータ値の難しさは，その有理数部分の分子－非正則素数たちに由来している．現代数学ではこれらの重要性は認識されているため，ゼータ値のパズルに非正則素数を隠したいという動機は，非常に分かりやすいものだった．

PA の解答

唯一の誤差の素因数分解は，$1998 = 37 \cdot 54$ であり，この最初のパズルの主題が

最小の非正則素数 37

であるのは自然だった．また，5 番目の値に誤差があるということも，5=E=Euler (または Error) などと考えられた．けれども，54 という数の意味は，語呂合わせくらいしか思いつかなかった．

最小の非正則素数が 37 ということで，再び 10 進法だから $777 = 3 \cdot 7 \cdot 37$ という美しい素因数分解があることを思い出した．なお，不思議なことに，37 は 12 番目の素数である．12 は非正則素数 691 の指数や音階の個数として，すでに現れていた．これも偶然とはいえ嬉しい．

PB の解答

PB の値は，PA の数値データの値を $2^k - 1$ で割ると求められた．正確に計算して，オイラーの数値と比べてみたところ，8 つの誤差があることが分かった．それらの誤差は非正則素数によっても解釈できず，しばらく悩んでしまった．しかし，よく考えてみると，これらの数値データはあまり大事ではないことに気がついた．なぜなら，$\zeta(k)$ の近似値を求めておけば，それを 2^k で割れば求められるからだ．

06	+0.000000000000000000000001
08	+0.000000000000000000000001
10	+0.000000000000000000000002
12	+0.000000000000000000000002
16	−0.000000000000000000001525
22	−0.000000000000000000000100
24	+0.000000000000000000000001
36	+0.000000000000000000000001

ここで次の単純な事実に気がついた. **PA** の値と **PB** の値を両方足せば, 奇数項と偶数項が交互に足し合わされることにより, ζ 値が求まる. だから逆にオイラーは, ζ 値から **PA** の値を差し引いて, **PB** のリストの値を求めているのではないか. こう考えて数値を求めなおしたところ, **PB** の誤差は 1 つ減少した.

10	+0.000000000000000000000002
12	+0.000000000000000000000001
16	−0.000000000000000000001526
22	−0.000000000000000000000101
32	−0.000000000000000000000001
42	−0.000000000000000000000001
48	−0.000000000000000000000001

そして, **PA** と **PB** の大きな誤差を両方足せば, $1998 - 1526 = 472 = 59 \cdot 8$ となるので,

2 番目に小さい非正則素数 59

が現れた. さらに, $67 = 59 + 8$ なので 3 番目に小さい非正則素数 67 を表すことができ, 続いて 4 番目の非正則素数 101 も誤差として現れていた. こんな偶然はなかなかないだろう.

誤差の出現場所（8, 11, 16, 21, 24番目）は一見でたらめに見えたが，これらは非正則素数の出現場所である指数 k を提示していると考えられた．すなわち最初の 2, 1, 0 という誤差によって，2 のベキ乗の補正を示し，$32 = 2^2 \cdot 8$, $44 = 2^2 \cdot 11$, $58 = 2^1 \cdot (13+16)$, $68 = 2^1 \cdot (13+21)$, $24 = 2^0 \cdot 24$ と表すことができた．58 と 68 が 4 の倍数ではないので，13（P3 の桁数＝ゼータ値のリストの個数）という数を用いて修正したことも納得できた．

周期 $p-1$ で 1 回のみ出現する非正則素数は，37, 59, 67, 101, 103, 131, 149 と 7 つ連続している．誤差の個数の 7 は，この事実を意味しているのだろうと考えた．

PC の解答

PB までのパズルを解いて，PC の解答はほぼ予想がついた．きっと，周期 $p-1$ で 2 回出現する最初の非正則素数 157 になるのではないか．私はひとまず，このリストの数値を精密に計算してみた．

真っ先に

非正則指数が 2 の最小の非正則素数 157

が，見事に「2」の誤差に現れていた．さらに 5 番目の値の誤差は，

$$\mathbf{804} = 37+59+67+101+103+131+149+157 = 12 \cdot \mathbf{67}$$

となっており，

3 番目に小さい非正則素数 67

も現れていた．これで，PA − PB − PC の最大誤差の素因数分解によって，37 − 59 − 67 という 100 以下の 3 つの非正則素数が順序通りに現れたことになる．

k	真値	誤差
02	0.452247420041065 50068	$+156.50$
04	0.076993139764246 84494	$+5.16$
06	0.017070086850636 51295	$+2.5$
08	0.004061405366517 83056	-2.8
10	0.000993603574436 98021	-803.98
12	0.000246026470034 54567	-1.5
14	0.000061244396725 46447	
16	0.000015282026219 33934	
18	0.000003817278703 17499	-1
20	0.000000953961124 10362	-1
22	0.000000238450445 87670	$+1$
24	0.000000059608185 49833	-1
26	0.000000014901554 60631	$+1$
28	0.000000003725334 01091	-1
30	0.000000000931327 43155	-4.43
32	0.000000000232831 18331	-1
34	0.000000000058207 72087	
36	0.000000000014551 92189	

それにしても，このPCのリストには18個の数値データの中に14個もの誤差があり，異常だった．しかも精度は，PA, PBに比べてずいぶんと低かった．これには何か理由があるのだろうと思って，教本でオイラーがこれらの値を求めたアルゴリズムを調べてみた．なんと彼は，この計算を実行するために，大きなkから順次求めてそれらの値を小さなkの計算に用いていた．これまでの計算で必要だったベルヌーイ数は，小さなkから求めてそれらを大きなkの計算に用いていた．今度はそのベルヌーイ数を用いながら，逆方向に計算していくことになる．つまり，来た道を逆に戻るような計算である．

そこでようやく気がついた．オイラーは，これらの数値を彼の計算方法で解くことを要求しているのではないだろうか．単に真の値を求めるだけでは，きっとだめなのだ．彼が要求しているのは，

解答から私の計算方法を求めよ．

そのためには，彼が与えたすべての計算方法を利用しながら，どの値で計算方法を変えたか，さらにそれらの計算精度も自分で推理しなければならなかった．まさしく「最高レベルの問題」だった．なお，本書の正値を導いた計算方法について，次ページに記しておく*．各ステップの計算方法については，オイラーが与えたゼータ値のリストのあとにすでに記してある．S が求めるべき値である．

各ステップで 2 のベキ乗まで計算することによって，ようやく導き出せたその答えが，$(157, 62), (157, 110 = 1 \cdot 20 + 3 \cdot 30)$ だった．逆にこの解答を導くためにオイラーの計算方法を用いたのだから，これらは解答なのか問題なのかは，本当のところは定かではない．なお，157 は 8 番目の非正則素数であり，ちょうど誤差の個数 8 と一致する．

ここでついに，PA で意味が不明だった 54 の正体が分かった．すべてのパズルを解ききらないと，この数字の意味は分からないようにできていた．すなわちこの数は，教本第 1 巻の 6 つのリストの誤差の合計個数になっていた．

6 リストの誤差の合計個数 $54 = (3 + 28 + 7) + (1 + 7 + 8)$．

オイラーは親切にも，誤差の個数については，チェックができるようにしてくれていた．

---

*付録 C 参照

PCの計算方法（d：切捨ての桁数）

Step.1 ($k = 36 \sim 32$, $d = 15$)

k	正値	誤差
36	0.000000000014551	0
34	0.000000000058207	0
32	0.000000000232830	0

Step 2 ($k = 30 \sim 16$, $d = 15$)

30	0.000000000931326	-3
28	0.000000003725333	0
26	0.000000014901555	0
24	0.000000059608184	0
22	0.000000238450446	0
20	0.000000953961124	-1
18	0.000003817278702	0
16	0.000015282026219	0

Step 3 ($k = 14 \sim 8$, $d > 15$)

14	0.000061244396725	0
12	0.000246026470035	-2
10	0.000993603574437	-804
08	0.004061405366518	-3

Step 4 ($k = 6 \sim 2$, $d > 15$)

06	0.017070086850637	$+2$
04	0.076993139764246	$+6$
02	0.452247420041065	$+157$

7　ゼータ・オーケストラ $\cdots \zeta(x)$

　すべての問題が解けてみると，数値リストにおける表示の奇妙さに気がつくことになった．PC の数値リストの右上では 222，右下では 157 という数字が現れていた．

$$
\begin{aligned}
n &= ②; & & 0,45224742004\boxed{1222} \\
n &= 4; & & 0,076993139764252 \\
\\
n &= 34; & & 0,0000000005820\diagup{7} \\
n &= 36; & & 0,00000000014\diagup{5}\diagup{5}1
\end{aligned}
$$

「2」は 157 が周期 $p-1$ でゼータ値に現れる回数である．精度を 15 桁，数値の個数を 18 個にしたのは，きっとこれらが理由なのだろう．

　この解答の表示に気がつくと，他のリストでも奇妙なことがいくつかあったことを思い出した．まず PA の数値データの精度の桁数の 23 は，中途半端な数であり奇妙だった．

$$
\begin{aligned}
A &= 1,2337005501361698273543\boxed{1} \\
B &= 1,0146780316041920545462\boxed{5} \\
C &= 1,0014470766409421219064\boxed{7}
\end{aligned}
$$

確かに，そのおかげで PC の答え「157」がリストに現れる．さらに，PA のデータの個数 22 も PB のデータの個数 24 とそろっておらず奇妙だった．

$$
\begin{aligned}
W &= 1,0000000000000000009\boxed{13} \\
X &= 1,000000000000000000\boxed{101}
\end{aligned}
$$

確かに，PB の答え「101」「103」「131」がリストにうまく現れている．

　奇妙なデータには，奇妙な数が現れている．前半の 3 つのパズルのリストでも，奇妙なデータの中に奇妙な数字をいくつか見つけること

ができるだろう．たとえば，$\tan x$ と $\cot x$ のパズルの数値リストを再び見てみよう．なぜ 13 桁という中途半端な桁数にしたのだろうか．

$$+ \frac{m^{21}}{n^{21}} \cdot 0,0000000000 4\boxed{5}$$
$$+ \frac{m^{23}}{n^{23}} \cdot 0,0000000000 45$$
$$+ \frac{m^{25}}{n^{25}} \cdot 0,0000000000 \boxed{5}$$

$$- \frac{m^{19}}{n^{19}} \cdot 0,0000000000 \boxed{1}$$

これらはきっと，オイラーが意図的に数値データを配置した痕跡なのだろう．

最後に，「157」の驚くべき事実を紹介しよう．

157 は 37 番目の素数

なのである．37 は最小の非正則素数だった．先ほどの 12 番目の素数 37 といい，まったく偶然の不思議な事実である．

私は，この第 1 巻最後のパズルの計算方法の微妙さに苦しみながらもようやく答えを得て，次のような教訓を学んだ．

「間違いをおそれず，前進することが重要である」
「問題の中にこそ，正解は隠されている」

そしてこの重要な教訓は，第 2 巻へと続いていた．

8　最終パズル

『無限解析入門』の巻頭の「Q」

8.1 探検家オイラー

オイラーは，『無限解析入門』の序文でこう書き記している．

「実際，私はためらうことなく言明したいと思う．この書物には明らかに新しい事物の数々がおさめられているが，そればかりではなく泉もまたあらわになっていて，そこからなお多くの際立った発見が汲まれるのである，と」

『無限解析入門』第 1 巻の誤差によるパズルを振り返ってみよう．10 進法による 777 の素因数分解の素晴らしさ，2 つの関数で交互に奏でる曲の崇高さ，グラフの逆転と定理の逆転の驚き，さらにはゼータ値の中の究めつくせない非正則素数たちの不思議，そのどれをとっても関連分野の広がりを想像すれば現代でも興味深い．

およそ 260 年近く前の数学の教本を，現在でも新鮮な気持ちで読めるというのは素晴らしいことだ．教本を読んで感じることは，オイラーが良い源流を探し出す達人であるということだ．そして，その源流がいかに発展するかということを，すさまじい直観で見抜いているようにも思える．

もちろん，それが開拓者というものだろう．だがその一方で，どこまでも問題を掘り下げていく探検家としてのオイラーの姿もあるはずだ．その探検家としての彼を想像すると，実は彼はその並外れた直観と強力な計算によって，一般に知られている以上のことを誰よりもずっと早く見抜いていた可能性を否定できなくなる．もしそうだとすれば，良い源流を探し出す彼の能力は，決して幸運というだけではない．彼は下流における重要な発展の概要をかなり見越した上で，良い源流を選んで書き残したのかもしれない．

8　最終パズル

　第1巻の問題を解き終えて，そんなとりとめもないことに思いを巡らせながら，オイラー全集の中の『無限解析入門』第2巻を眺めていた．この巻では幾何を扱っている．そのため，第1巻と比べると数値データ自体が少なく，誤差によるパズルはないだろうと思いこんでいた．

　ところが，全集をよく見てみると，第21章「超越的な曲線」と最終章である第22章「円に関連するいくつかの問題の解決」に奇妙な誤差が集中していた．どうやらオイラーのパズルは，まだ終わっていなかったようだ．最後の最後に，もう一度解答者に挑戦を申しこんでいた．

　今度こそ『無限解析入門』の最終パズルだろう．最後にオイラーは，いったいどんな最高のパズルを用意しているのだろうか．そして，いったい何を伝えようというのだろうか．私の胸は再び高鳴った．

『無限解析入門』第1巻

8.2 最終パズル

P, PI, II, III $l.y = \sqrt{2},\ \log_{10} 2^{\sqrt{2}},\ 2^{\sqrt{2}},\ 10^{\sqrt{2}}$

> TRANSCENDANTES.   289
>
> rithmes, affigner la valeur de l'appliquée qui répond à une abfciffe quelconque x. Par exemple, fi $x=0$, y fera auffi $=0$; fi $x=1$, y fera de même $=1$; ce qu'il eft très-facile de conclure de l'équation primitive; mais, fi $x=2$, on aura $l.y = \sqrt{2}.l2 = \sqrt{2} \cdot 0{,}3010300$; &, à caufe de $\sqrt{2} = 1{,}41421356$, $l.y = 0{,}4257274$, & à-peu-près, $y = 2{,}665186$; & fi on fait $x=10$, on aura $l.y = 1{,}4142356$; & par conféquent $y = 25{,}955870$. On pourra donc de cette manière calculer les appliquées correfpondantes à chaque abfciffe, & conftruire même la courbe, pourvu qu'on attribue à l'abfciffe x des valeurs pofitives. Mais, fi l'abfciffe x obtient des valeurs négatives, il fera alors difficile de dire fi celles de y feront réelles ou imaginaires, car foit $x = -1$, que fignifiera $(-1)^{\sqrt{2}}$? C'eft ce qu'on ne peut favoir, parce que les valeurs approchées qu'on peut trouver pour $\sqrt{2}$ ne font ici d'aucun fecours.

Pα $\cos(\log 2)$

> 290   DES LIGNES COURBES
>
> que de x étant donnée en nombre, on cherchera fon logarithme hyperbolique; on prendra dans le cercle, dont le rayon $=1$, un arc égal à ce logarithme; & fon cofinus exprimera la valeur de l'appliquée y. Par exemple, fi on fuppofe $x=2$, ou $2y = 2^{+\sqrt{-1}} + 2^{-\sqrt{-1}}$, on aura $y = cof.\ A \cdot l\,2 = cof.\ A.0{,}6931471805599$. Or cet arc égal à $l\,2$, à caufe que l'arc $= 3{,}1415926535$ &c. eft de 180°, fe trouve être par la règle de Trois, de 39° 42′ 51″ 52‴ 9ⁱᵛ. Son cofinus eft $0{,}76923890135408$, & donne en nombre la valeur de l'appliquée y correfpondante à l'abfciffe $x=2$. Puifque ces fortes d'expreffions font compofées de logarithmes & d'arcs de cercles, c'eft donc avec raifon qu'on les rapporte à l'efpèce des tranfcendantes.

8　最終パズル　　　　　　　　　　　　　　　　　　　　143

Pα'　　log π

CHAPITRE XXII.

Solution de quelques Problêmes relatifs au Cercle.

529. Nous avons vu auparavant que, le rayon d'un cercle étant $= 1$, la demi-circonférence π, ou l'arc de 180 degrés étoit $= 3,14159265358979323846264338$, dont le logarithme décimal ou vulgaire est :

$$0,49714987269413385435 1268288;$$

&, en multipliant celui-ci par 2, 30258, &c., on aura le logarithme hyperbolique du même nombre, ou

$$1,14472988584940017414 34237.$$

log π　（第 1 巻の値）

Hinc fine tædiofo calculo reperitur Logarithmus hyperbolicus ipfius $\pi = 1, 14472988584940017414342$, qui fi multiplicetur per 0, 43429 &c., prodit Logarithmus vulgaris ipfius $\pi = 0, 49714987269413385435126$.

Pβ, Pγ　　sin 1, cos 1

RELATIFS AU CERCLE.　　309

$57°\ 17'\ 44''\ 48'''\ 22''''\ 29''''' \ 21''''''$,

son sinus exprimé en séries telles que nous les avons développées dans la première section :

$$= 0,84147098480514$$

&

son cosinus　　$= 0,54030230584341 ;$

& le premier de ces nombres divisé par le second donnera la tangente de $57°\ 17'\ 44''\ 48'''\ 22''''\ 29'''''\ 21''''''$ &c.

Pδ $s + \cot s = (2n+1)/2$

PROBLÊME IX.

Trouver tous les arcs qui font égaux à leurs tangentes.

Solution.

Le premier arc qui ait cette propriété est infiniment petit. Il n'y en a point dans le second quart, parce que les tangentes y font négatives; mais il y en aura un dans le troisième, qui fera un peu plus petit que 270°. Il s'en trouvera ainsi de suite dans les cinquième, septième, &c. Soit le quart de la circonférence $= q$, & supposons les arcs en question renfermés dans cette formule $(2n+1)q - s$, de manière que $(2n+1)q - s = \cot. s = \frac{1}{tang.\, s}$. Soit $tang.\, s = x$, on aura $s = x - \frac{1}{3}x^3 + \frac{1}{5}x^5 - \frac{1}{7}x^7 +$ &c.; & par conséquent $(2n+1)q = \frac{1}{x} + x - \frac{1}{3}x^3 + \frac{1}{5}x^5 - \frac{1}{7}x^7 +$ &c. Or, comme l'arc s est d'autant plus petit que n est un nombre plus grand, il est clair que x sera une quantité très-petite, & qu'on aura à-peu-près $x = \frac{1}{(2n+1)q}$, ou $\frac{1}{x} = (2n+1)q$; on approche davantage en faisant $\frac{1}{x} = (2n+1)q - s = (2n+1)q - \frac{1}{(2n+1)q} - \frac{2}{3(2n+1)^3 q^3} - \frac{13}{15(2n+1)^5 q^5} - \frac{146}{105(2n+1)^7 q^7} - \frac{2343}{945(2n+1)^9 q^9}$ &c.; &, comme $q = \frac{1}{2}\pi = 1{,}5707963267948$, on aura l'arc cherché $= (2n+1)\,1{,}57079632679 - \frac{1}{2n+1} - \frac{0{,}63661977}{} - \frac{0{,}17200817}{(2n+1)^3} - \frac{0{,}09062596}{(2n+1)^5} - \frac{0{,}05892834}{(2n+1)^7} - \frac{0{,}04258543}{(2n+1)^9} -$ &c.; ou, si on ramène les termes qui font ex-

8　最終パズル

―――――― 正値（間違い探し）――――――

P, PI, II, III

1.41421356

0.4257207
2.665144
25.954553

Pα

0.76923890136397

Pα'

1.14472988584940017414342 73

Pβ

0.84147098480789

Pγ

0.54030230586813

Pδ

+0.63661977
−0.17200818
−0.09062597
−0.05892836
−0.04258548

―― 誤差 ――

P, PI, II, III

$< -0.00001000 >$
$+0.0000067$
$+0.000042$
$+0.001317$

Pα

-0.00000000000989

Pα'

$-0.000000000000000000000036$

Pβ

-0.00000000000275

Pγ

-0.00000000002472

Pδ

$03 + 0.000000000001$
$05 + 0.000000000001$
$07 + 0.000000000002$
$09 + 0.000000000005$

8.3 最終解答

第2巻の問題を解く前に，私は第1巻のパズルの6つのリストの解答を振り返ってみた．そして，ある興味深い事実に気がついた．それは，前半の3つのパズルと後半の3つのパズルがきれいに対応していたということだ．それぞれの3つの問題が順番に対応して，基本的には同じような解答内容をもっていた．

```
―――――――― 第1巻の共通解答 ――――――――
            P1 と PA → 3つの7
                  777 と 37
            P2 と PB → 交互の和
                  曲 と ζ(k)
            P3 と PC → 逆転
                 グラフと計算
```

第1巻のパズルがこのような対応によって構成されていることを考えれば，第2巻のパズルにもそれと同様な対応が見つけられるかもしれない．そして，そのことがパズルを解くための大きなヒントになりそうだった．

そこで，第1巻の誤差リストを書き出して，次ページ上のように並べてみた．まず，第1巻の前半と後半の3つのリストをそれぞれ1つの三角形にして，対応が分かるように平行に並べてみた．最初の3つのリストの前に $1/\log_{10} 2$ の誤差があったので上に加え，最後の3つのリストは $\zeta(k)$ から計算されていたのでそれを下に加えた．さらに，第2巻の誤差リストを第1巻のリストと見比べながら，配置してみた．はじめは少し異なった配置だったが，最終的には次ページ下のように並べられた．なぜこのような配置になったのかについては，もう少し後で説明することになる．

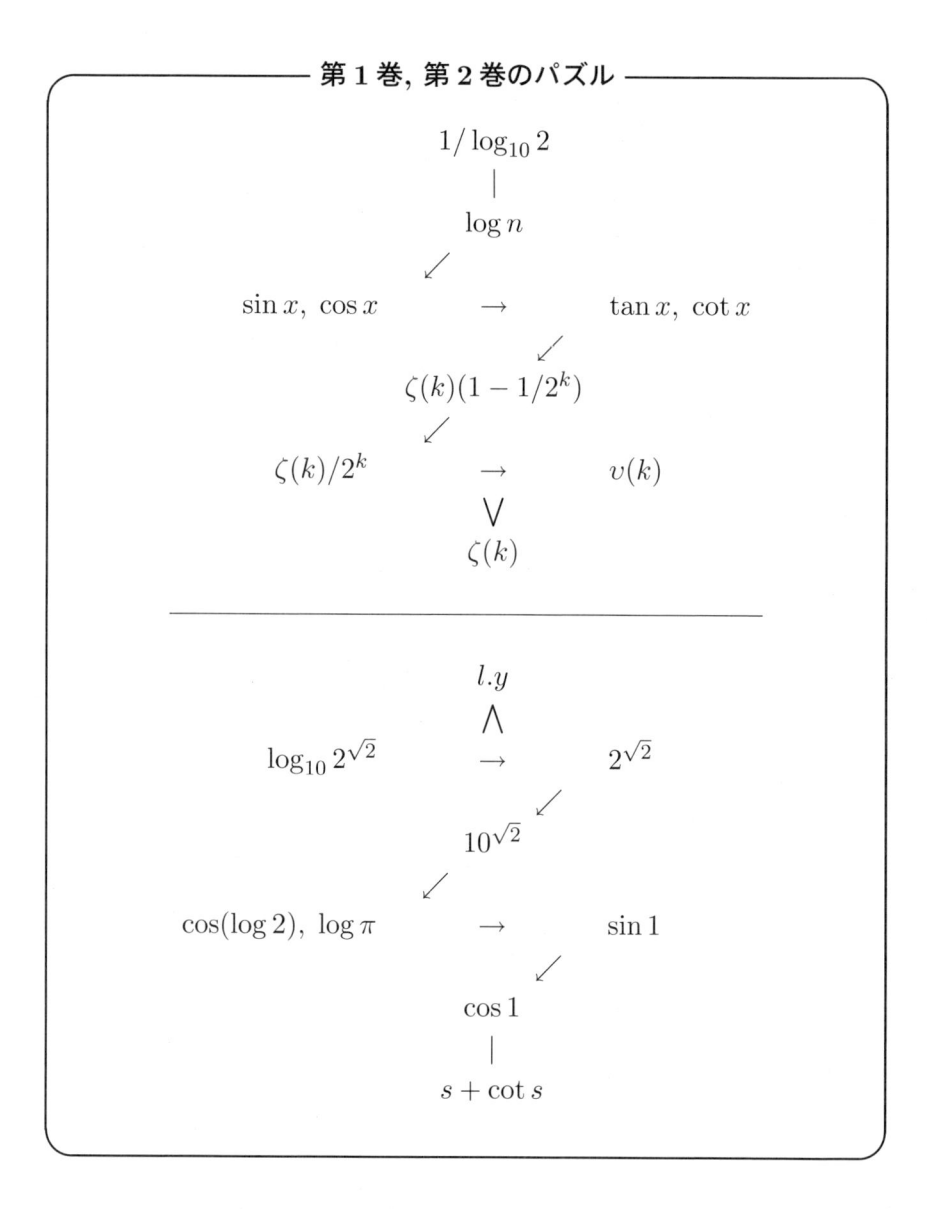

第 1 巻, 第 2 巻のパズル

$$1/\log_{10} 2$$
$$|$$
$$\log n$$
$$\swarrow$$

$\sin x, \ \cos x \quad \rightarrow \quad \tan x, \ \cot x$

$$\swarrow$$
$$\zeta(k)(1 - 1/2^k)$$
$$\swarrow$$

$\zeta(k)/2^k \quad \rightarrow \quad \upsilon(k)$

$$\vee$$
$$\zeta(k)$$

$$l.y$$
$$\wedge$$

$\log_{10} 2^{\sqrt{2}} \quad \rightarrow \quad 2^{\sqrt{2}}$

$$\swarrow$$
$$10^{\sqrt{2}}$$
$$\swarrow$$

$\cos(\log 2), \ \log \pi \quad \rightarrow \quad \sin 1$

$$\swarrow$$
$$\cos 1$$
$$|$$
$$s + \cot s$$

8 最終パズル

　個々の誤差を調べる前に，私はオイラーの意図についてあらかじめ推理しておこうと思った．第2巻のパズルではいったい何を主題にするのだろう．すでに第1巻で，いろんな数学を扱ったパズルを出題し終えたはずだ．ゼータ値を巧妙に組み合わせて求めた素数ベキ和の数値計算は，まさしく最後を飾るにふさわしいパズルだった．もし自分がパズルの出題者ならば，このあとの第2巻で何を出題できるというのだろうか．

　私は第1巻のパズルの解答を終えた時点で，あることをずっと思っていた．「出題者の解答がないと，自分の答えが正しいかどうかは判断できないのではないか」解答者の立場で考えると，そう不安に思わざるを得なかった．ということは，私が出題者であれば，迷わずに第1巻の解答を第2巻のパズルの主題にするということだった．確かにそれは，出題者と解答者双方のためになる．出題者は自分の意図が完全に伝わったかどうかをチェックできるし，解答者は自分の解答に足りない部分がないかをチェックできる．すべての問題に対する解答のチェックを，オイラーは最後にパズルにしたのかもしれない．私はそのような推理をした．

　このような推理にいたったもう1つの理由がある．それは，第2巻の最終章の題名「円に関連するいくつかの問題の解決」だった．私はずっと「第1巻の問題の解決」を求めていた．もしかするとオイラーは，解答者の不安を先読みして，最後にそんな題名をつけたのではないだろうか．

　第2巻の大きな誤差は4つあり，1317（指数値），989, 275, 2472（三角関数値）となっていた．少数の数字で第1巻のチェックをするならば，リストの誤差の和によるチェックが思い当たった．チェックサムは，数値データの誤りを検出する簡易なアルゴリズムである．そこでまず，誤差の和を調べてみた．

P1:$+1112+1+1=1114$

P2:$+2-6+7-3+5-6+8-6+4-4+2-1-1$
$\quad +4-4+8-4+4-5+2-6+3-5+3-3-1-2+2=-3$

P3:$-1-1-128+1-1-1-1=-132$

PA:$+1998=1998$

PB:$+2+1-1526-101-1-1-1=-1627$

PC:$+157+6+2-3-804-2-1-3=-648$

P123:$|1114-3-132|=\mathbf{979}$

PABC:$|1998-1627-648|=\mathbf{277}$

なんと早速, 第2巻の誤差に近い値が現れていた. ただし, ぴったりではない. それらの差は,

$$989-979=\mathbf{10},\quad 277-275=\mathbf{2}$$

だった. これらの数には見覚えがあったので, それほど違和感はなかった. 今度は「誤差の誤差」をパズルにしたいのかもしれない. すでにオイラーの意図が見え隠れしていた.

残る三角関数値の誤差は, 2472 という少し大きめの値だ. 今度は誤差の絶対値を調べてみた.

P1:$+1112+1+1=1114$

P2:$+2+6+7+3+5+6+8+6+4+4+2+1+1$
$\quad +4+4+8+4+4+5+2+6+3+5+3+3+1+2+2=111$

P3:$+1+1+128+1+1+1+1=134$

8 最終パズル

PA:+1998 = 1998
PB:+2 + 1 + 1526 + 101 + 1 + 1 + 1 = 1633
PC:+157 + 6 + 2 + 3 + 804 + 2 + 1 + 3 = 978

P123:+1114 + 111 + 134 = **1359**
PABC:+1998 + 1633 + 978 = **4609**

4609 は大きな値なので，1359 と残った誤差 2472 を合わせても，まったく足りない．おかしいと思いながらも，とりあえず引いてみた．

$$4609 - 1359 - 2472 = \mathbf{778}.$$

この数は見覚えのある数に近い．ほんの少し異なっているところがなんとも不満だったが仕方がない．ひとまず，10, 2, 778 というこれらの数を修正誤差とよぶことにした．

全体像はだいたい見渡せたので，今度は個々の誤差に取り組む番だった．まず第一の誤差では，本来小数点以下 5 桁目にあったはずの 1 が消えていた．この単純ミスのために，あとの 3 つの誤差が産み出されたと考えるのが普通だろう．ところが，この間違った値で計算してみると，オイラーが与えた数値とは微妙に異なることに気がついた．

値	$\log_{10} 2^{\sqrt{2}}$	$2^{\sqrt{2}}$	$10^{\sqrt{2}}$
$\sqrt{2}$	0.42572070	2.6651441	25.9545535
1.4142356	0.42572733	2.6651848	25.9558705
1.41423562	0.42572734	2.6651848	25.9558717
オイラー	0.4257274	2.665186	25.955870

それぞれ +0.0000001, +0.000002, −0.000001 程度の奇妙なずれがある．もしかするとこれらのずれは，オイラーが数値を微調整した痕跡なのかもしれないと思った．

まず，誤差の 67, 42, 1317 という 3 つの誤差を見てすぐに，

$$67 \quad (\text{PC}: 3\text{番目の非正則素数})$$

が現れていることに気がついた．これは第 1 巻の最後の解答だった．第 1 巻の後半のパズルでは，100 以下の 3 つの非正則素数 37 − 59 − 67 が PA − PB − PC の順序できれいに現れていた．一方，第 2 巻の誤差が 67 からはじまったということは，今度は解答が逆転している可能性が考えられた．もしそうだとすると，次の 42 という数字が 59 になるはずである．誤差を見渡すと，次の誤差の 1317 を 13-17 と分けて下二桁の 17 を強引に用いると，

$$59 = 42 + 17 \quad (\text{PB}: 2\text{番目の非正則素数})$$

と対応させることができた．はじめは「強引」だと思っていたが，よく思い出してみると，この数字には見覚えがあった．すなわち，PA の誤差の個数 1 と PB の誤差の個数 7 であった．そう考えてみると，上二桁の 13 という数字も，PA の 1 つの誤差 1998 が 3 つの非正則素数を産み出したことや 1 つの ζ 値のリストが 3 つの PA, PB, PC の数値リストを産み出したことを思い出させた．さらに，1 つの $\sqrt{2}$ の誤差が $\log_{10} 2^{\sqrt{2}}, 2^{\sqrt{2}}, 10^{\sqrt{2}}$ の 3 つの誤差を産み出したことにも対応しているように思えた．

今度は 1317 が 37 になるはずである．これも 1317 を強引に交互に読めば，

$$11 − 37 \quad (\text{PA}: 1\text{番目の非正則素数})$$

が現れることに気がついた．ここでも最初は「強引」だと思っていたが，PA と PB の各項を交互に足し合わせることによって ζ 値となるこ

8 最終パズル

と,そしてそれがPBを解く鍵だったことを思い出した.ただし,11の意味は分からなかった.

こういった数字遊びで,PC − PB − PA に対する主要な解答 67 − 59 − 37 がひとまず導き出せた.この導出方法は,第1巻の問題を解いていない人には,きっと恣意的な数字遊びに思えるだろう.けれども,第1巻の解答者にとっては,用いた操作が解答方法に対応しているのできれいに感じられる.

それでは,本当にこのまま最後まで,解答が逆転し続けるのだろうか.まず,$\cos(\log 2)$ の修正誤差は,

$$10 = 5 \cdot 2 \,(\text{P3}:5\text{個と}2\text{個の誤差})$$

と対応し,$\log \pi$ の下二桁の変化

$$73 - 37 \,(\text{P3}:\text{グラフと定理の逆転})$$

も対応がついてしまった.誤差を並べた 10-36 に先ほど残った 1-1 を合わせれば,11-37 が再び回復された.さらに 1-1 は,P3 の $\cot x$ の誤差やこの後のパズル $\sin 1$, $\cos 1$ にも現れていた.そして,$\sin 1$ の修正誤差は,

$$2 \,(\text{P2}:2\text{つの関数}\sin x, \cos x)$$

と対応がついた.さらに,$\cos 1$ の修正誤差と $s + \cot s$ の誤差を合わせれば,

$$777 + 1 - 1125 \,(\text{P1}:777, 1112 - 1 - 1)$$

となって,最後の 5 を除けばほぼ対応してしまった.前後のパズルがつながることも第1巻と同じだ.すべての誤差がうまく第1巻の解答と対応がつくことが分かって,最終的に私は次のように結論した.

第2巻の誤差は,第1巻の解答を逆転させたものだろう.

このように私は，第 2 巻の誤差をオイラーの「意図」であると解釈している．しかし，そのことをオイラー本人に尋ねることができない今，誤差が彼の「意図」によるものだという解釈を完全に証明することはできないだろう．いかにうまく数が並んでいて意図的に見えたとしても，「偶然」の可能性は決して 0 ではない．現代の私たちは，「偶然」なのか「意図」なのか，本当の答えを正しく推論できるだろうか．

　私はこう考えている．60 以上の誤差が産み出された理由がまったく説明できない以上，オイラーが 60 もの誤差を「偶然」書き残したと考えるよりも，「意図」によって書き残したと考える方が，ずっと理解しやすい．一方，なぜオイラーがわざわざパズルにしたのか，という疑問もあるかもしれない．それは，パズルとは何かということを考えれば，容易に分かる．

パズルの目的とは「悩ませて考えさせる」ことである．

確かにオイラーのパズルは，私を徹底的に悩ませてくれた．そして徹底的に考えさせてくれたからこそ，私はオイラーに心から感謝している．もしこれらがパズルではなく，単に事実の羅列であったとしたら，私はオイラーにきっと感謝できなかっただろう．

　それでは，第 2 巻のパズルによってオイラーが解答者に考えさせたかったこととは，いったい何だったのだろうか．オイラーは，この教本の誤差によって，繰り返し問題を出題し繰り返し解答を与え続けた．問題は解答になり，解答は問題になった．私はこう想像する．

「問題と解答との関係」こそが真の主題ではないだろうか．

　オイラーは，数学という世界の中で，対数関数，指数関数，三角関数，ゼータ関数から次々に産み出される不思議な問題を，美しく解き続けた．そして，解いてもなお新たに問題が産み出されることを知った．い

つまでも続く問題と解答の素晴らしさを，『無限解析入門』における数値データの誤差によるパズルによって，読者にも示したいと考えたのではないだろうか．

決して究めつくすことができない数学という果てしない世界．『無限解析入門』という題名には，こんな意味もこめられているのかもしれない．

『無限解析入門』第 1 巻の巻頭の 3 つの文字

┌──── 第 1 巻, 第 2 巻の解答 ────┐

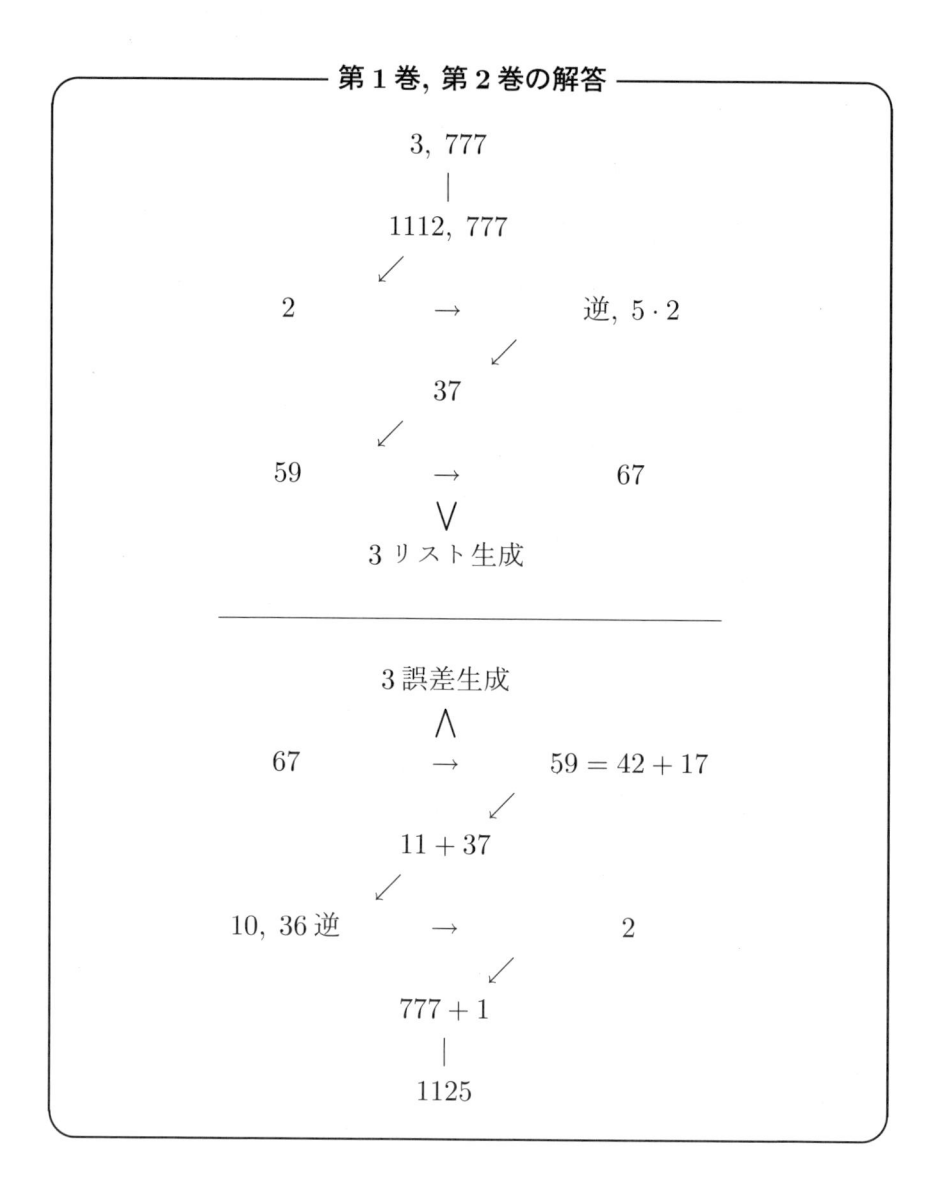

$$3, 777$$
$$|$$
$$1112, 777$$
$$\swarrow$$
$$2 \quad \rightarrow \quad 逆, 5 \cdot 2$$
$$\swarrow$$
$$37$$
$$\swarrow$$
$$59 \quad \rightarrow \quad 67$$
$$\vee$$
3 リスト生成

────────────────

3 誤差生成
$$\wedge$$
$$67 \quad \rightarrow \quad 59 = 42 + 17$$
$$\swarrow$$
$$11 + 37$$
$$\swarrow$$
$$10, 36 逆 \quad \rightarrow \quad 2$$
$$\swarrow$$
$$777 + 1$$
$$|$$
$$1125$$

9　金冠日食 $\cdots Z(x)$

太陽と月と地球の大きさの比較

9.1 Zの等式の偶然

　なぜオイラーは, 太陽と月の Z 値の等式を美しいと言いきったのだろうか. このパズルを解くヒントは, Z の等式という事実と金冠日食という現象を同時に理解することにあるのだろう.

　実 Z 関数（下のグラフ）と複素 Z 関数（巻頭のグラフ）を見てみよう. 1 でも有限の値になるところが, ζ 関数との大きな違いである. したがって, 正と負の両側で関数を分けて太陽と月を対応させようとすると, ζ 関数よりも Z 関数のほうが適切であることが分かる. Z 関数のほうが, 太陽の激しさと月の静かさをはっきりと表現できるからである.

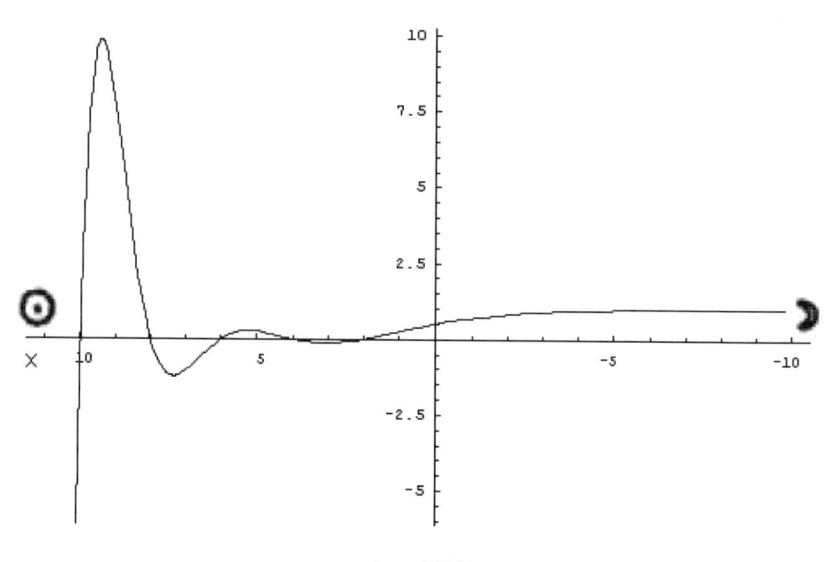

実 Z 関数

9 金冠日食 $\cdots Z(x)$

オイラーが,論文の中で太陽と月のゼータ値を結びつけた方法をここに記そう.

オイラーが導いたオイラー・マクローリン法を用いると,

$$f(x) + f(x+\alpha) + f(x+2\alpha) + f(x+3\alpha) + f(x+4\alpha) + \cdots$$
$$= -\frac{1}{\alpha}\int f(x)dx + \frac{1}{2}f(x) - \sum_{n=2}^{\infty}\frac{B_n}{n!}(\alpha D)^{n-1}f(x).$$

ここで,α を 2α で取り替えると

$$f(x) + f(x+2\alpha) + f(x+4\alpha) + f(x+6\alpha) + f(x+8\alpha) + \cdots$$
$$= -\frac{1}{2\alpha}\int f(x)dx + \frac{1}{2}f(x) - \sum_{n=2}^{\infty}\frac{B_n}{n!}(2\alpha D)^{n-1}f(x).$$

が得られる.$2 \times (後式) - (前式)$ を求めると,

$$f(x) - f(x+\alpha) + f(x+2\alpha) - f(x+3\alpha) + f(x+4\alpha) - \cdots$$
$$= \frac{1}{2}f(x) - \sum_{n=2}^{\infty}\frac{B_n}{n}(2(2\alpha D)^{n-1} - (\alpha D)^{n-1})f(x)$$

となる.ここで k を正の整数,$f(x) = x^{k-1}$ とすると,

$$x^{k-1} - (x+\alpha)^{k-1} + (x+2\alpha)^{k-1} - (x+3\alpha)^{k-1} + \cdots$$
$$= \frac{1}{2}x^{k-1} - \sum_{n=2}^{k}\frac{(2\cdot 2^{n-1} - 1)\alpha^{n-1}B_n}{n!}$$
$$\cdot (k-1)(k-2)\cdots(k-n+1)x^{k-n}.$$

となる.なお,n が k より大きいときには階乗部分が 0 となるため,有限の和に変わったことに注意する.

さらにここで, $\alpha = 1, x = 0$ とおけば,

$$\begin{aligned}
-Z(k-1) &= 0^{k-1} - 1^{k-1} + 2^{k-1} - 3^{k-1} + 4^{k-1} - \cdots \\
&= \frac{1}{2} \cdot 0^{k-1} - \sum_{n=2}^{k-1} \frac{(2 \cdot 2^{n-1} - 1)B_n}{n!} \\
&\qquad\qquad \cdot (k-1)(k-2)\cdots(k-n+1) \cdot 0^{k-n} \\
&\qquad - \frac{(2 \cdot 2^{k-1} - 1)B_k}{k!}(k-1)(k-2)\cdots 2 \cdot 1 \\
&= -\frac{(2^k - 1)B_k}{k}
\end{aligned}$$

となって, 太陽の Z 値が第 2 章 3 節の通りにベルヌーイ数で表せた (!?)

月の Z 値はベルヌーイ数と円周率で表されていたので, これらの値を比べることによって, 美しい等式を整数に対して示すことができた. さらにオイラーは, 整数だけではなく実数に対してもこの等式が成立すると予想し, その重要性を主張した. そこでは, 階乗関数, 指数関数, 三角関数という重要な 3 つの関数がそろって現れていた.

けれども, この等式の完全な証明には, 複素関数論の発展と天才リーマンの登場を待たねばならなかった. それにしても, 何という洞察力と直観力をオイラーはもっていたのだろう.

『無限解析入門』第 1 巻の巻頭の絵

9.2 金冠日食の偶然

　オイラーは 1748 年 7 月 25 日に,待ち焦がれた金冠日食を観測した.その日の観測は実り多いものだった.

　日食の際に映し出された太陽の像の膨張を観察することによって,月に大気は存在するとオイラーは推理した.また,彼が予測した通りの日食の現象を確かめながら,月の軌道の計算方法には精度の点でまだ弱点があることを認めたことだろう.その後もオイラーは,月の運行の理論的研究をさらに推し進める.一方,実際の計算に関しては,オイラーが高く評価したマイヤーが 223 回の月食のデータから精密な算出式を考案した.それは以後の航海時の位置測定にとって,重要な基礎となった.

　月の大気に関する彼の推理が,正しかったかどうかの判断は保留したい.もちろん月には地球のような大気はない.しかし,近年になって,ナトリウムとカリウムの希薄な気体が月を取り巻いており,光学的な現象が観測されることが分かってきた.これらの原子は,月の表面から広範囲に運ばれているということが分かっている.また,太陽からの光子束そのものによって,原子が運ばれているという推測もある.当時のオイラーの観測精度の確認とともに,実際に金冠日食時に同様な観測をおこなうことにより,観測結果の原因をしっかりと追究するべきだろう.

　金冠日食や皆既日食という現象は,いつの時代も稀な現象である.地球上の定地点でこれらが観測できるのは,数十年に 1 度くらいしかない.観測のために移動をしなければ,一生に一度か二度程度しか出会えないような現象なのである.

実際は，太陽と月の大きさはまったく異なる．しかし，地球からのそれぞれの距離がそれぞれの大きさと同じような比率で異なるために，地球上から見るとこれらの2つの天体はほぼ同じ大きさの円盤に見える．これらの天体の大きさや距離の値を以下に記す．

	太陽	月	地球
直径	139.2万km	3476km	12756km
距離	1.47〜1.52億km	36〜40.5万km	0km
視直径	0.52〜0.54°	0.49〜0.55°	180°

太陽（一部のみ），月，地球の大きさの比較

　金冠日食や皆既日食は，このまったく異なる2つの天体がぴたりと重なってしまうという「偶然中の偶然」の現象である．そして視直径の微妙な差が，金冠日食になるか皆既日食になるかを微妙に分けてしまう．そして，「月の大気」の観測のためには，月の見かけが太陽の見かけよりもわずかに小さい金冠日食が最高の条件だった．

9.3 美しい理由

オイラーにとっては，自分がずっと追い続けていたゼータ関数がまるで太陽と月のように思えてならなかったのだろう．太陽のゼータは激しく変動して無限に大きくなっていく一方，月のゼータは何事もないかのようにずっと静寂を保っている．値の大きさだけ見ればまったく異なっているにもかかわらず，どちらのゼータ値もベルヌーイ数という本質的な不思議をふくんでいる．

オイラーは，ゼータの真の値をずっと先まで求め続けた．それはベルヌーイ数を求めることであり，オイラー・マクローリン法にも必要だった．しかしそれ以上に，$\zeta(12)$ の分子に現れた 691 の意味を知りたかったに違いない．それというのも，オイラー積を見ればどの素数も平等に掛け合わせているはずである．それなのになぜ 691 という素数が突如現れるのか，いったいこの先どんな不思議な素数が現れるのか，最小の不思議な素数とは何か．

これらの問題に答えるための計算は，ロシアからドイツに出発する前にはすでに終わっていた可能性がある．オイラーは，金冠日食のちょうど 7 年前に 37 日の旅程を終えて，新天地に姿を現した．すなわち，オイラーのすさまじい洞察力は，他の数学者に先んずること 100 年あまり，ゼータ値の有理数部分の重要性をはっきりと見抜いていたのかもしれない．

ゼータ値の中には，円周率 π のベキ乗，12 と 691 の驚き，そして 37 をはじめとした無限の非正則素数という究めつくせない不思議が隠されていた．そして彼は，1748 年の金冠日食において，太陽が月を包みこみ，なおも光り輝き続ける現象を確かに見た．それはまるで太陽と月のゼータの関係のように輝いていた．

ゼータの関係や金冠日食といった事実や現象を，オイラーは本当に美しいと感じることができた．われわれは，オイラーが感じたほどに，その事実や現象を美しいと思えるだろうか．思えないとすれば，その差はいったい何にあるのだろうか．

　はっきりしていることは，オイラーがゼータ関数や天体の運行を，彼自身の力で真剣に追い求めたということだろう．そして，真剣に追い求めたからこそ，オイラーはそのすばらしい問題と解答に喜びを感じていたのではないだろうか．

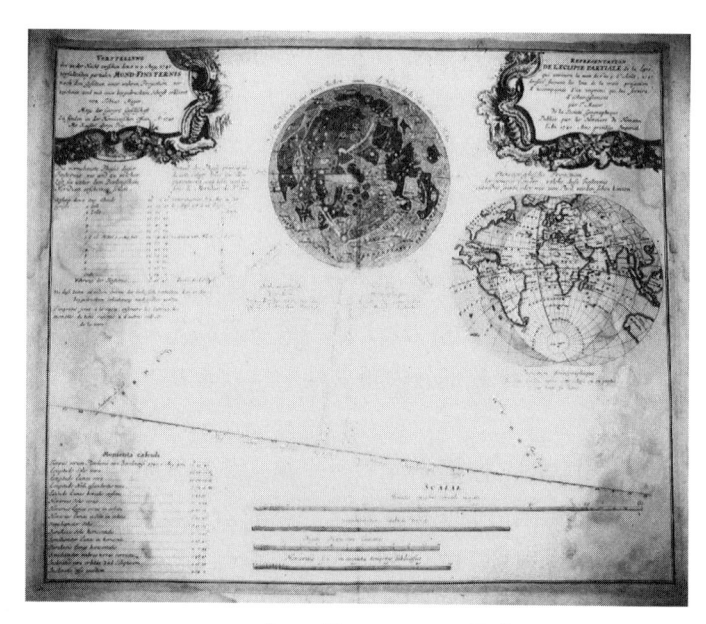

1748 年 8 月 8, 9 日の月食

9 金冠日食⋯$Z(x)$

$$\odot \cdot 1^m - 2^m + 3^m - 4^m + 5^m - 6^m + 7^m - 8^m + \&c.$$

$$\supset \cdot \frac{1}{1^n} - \frac{1}{2^n} + \frac{1}{3^n} - \frac{1}{4^n} + \frac{1}{5^n} - \frac{1}{6^n} + \frac{1}{7^n} - \frac{1}{8^n} + \&c.$$

$$\frac{1 - 2^{n-1} + 3^{n-1} - 4^{n-1} + 5^{n-1} - 6^{n-1} + \&c.}{1 - 2^{-n} + 3^{-n} - 4^{-n} + 5^{-n} - 6^{-n} + \&c.} =$$

$$\frac{-1.2.3\ldots(n-1)(2^n-1)}{(2^{n-1}-1)\pi^n} \cos\frac{n\pi}{2}.$$

オイラーには，光の環となって輝く宝石たちが見えていた．

階乗関数 $(n-1)!$

指数関数 π^n

三角関数 $\cos(n\pi/2)$．

どの関数も，オイラーが重要だと考えて追い求めた関数たちだった．そして，無限の素数を輝かせる太陽の王冠 Z 関数こそが，これらの関数を産み出した源だった．太陽と月の金冠日食における一瞬の関係，太陽と月の Z 関数の永遠の関係は，オイラーにとってこの上なく美しい関係だった．

愛する世界がこの式に展開していた．

オイラーは心から感謝した．

その一瞬の美しさと永遠の美しさに．

9　金冠日食 $\cdots Z(x)$

階乗関数＝ガンマ関数

$\Gamma(n) = (n-1)!$ のオイラーによる拡張：

$$\begin{aligned}
\Gamma(s) &= \frac{1}{s}\prod_{n=1}^{\infty}\left(1+\frac{1}{n}\right)^s\left(1+\frac{s}{n}\right)^{-1} \\
&= \frac{1}{s}\left(1+\frac{1}{1}\right)^s\left(1+\frac{s}{1}\right)^{-1}\left(1+\frac{1}{2}\right)^s\left(1+\frac{s}{2}\right)^{-1} \\
&\quad \left(1+\frac{1}{3}\right)^s\left(1+\frac{s}{3}\right)^{-1}\left(1+\frac{1}{4}\right)^s\left(1+\frac{s}{4}\right)^{-1}\cdots \\
&= \int_0^{\infty}e^{-t}t^{s-1}dt \quad (\operatorname{Re} s > 0) \text{ の解析接続.}
\end{aligned}$$

実ガンマ関数

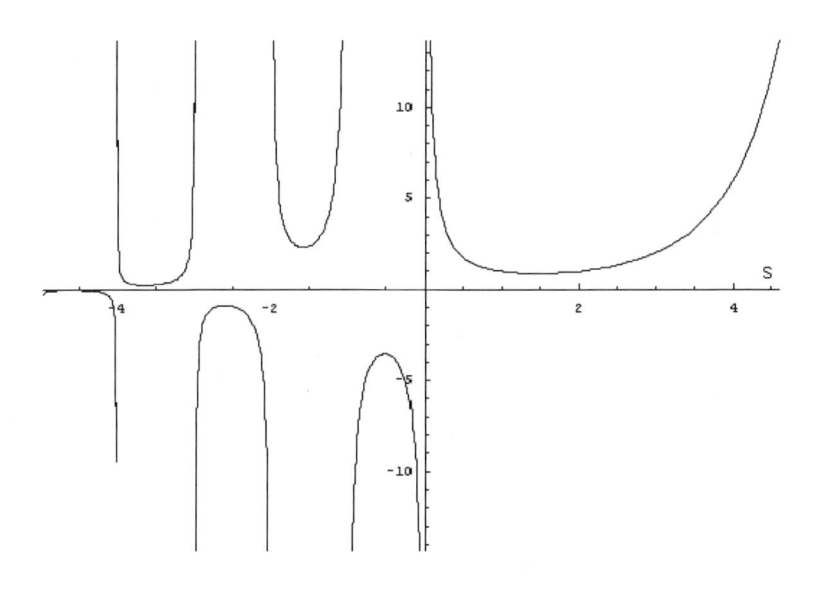

複素ガンマ関数の絶対値の対数グラフ

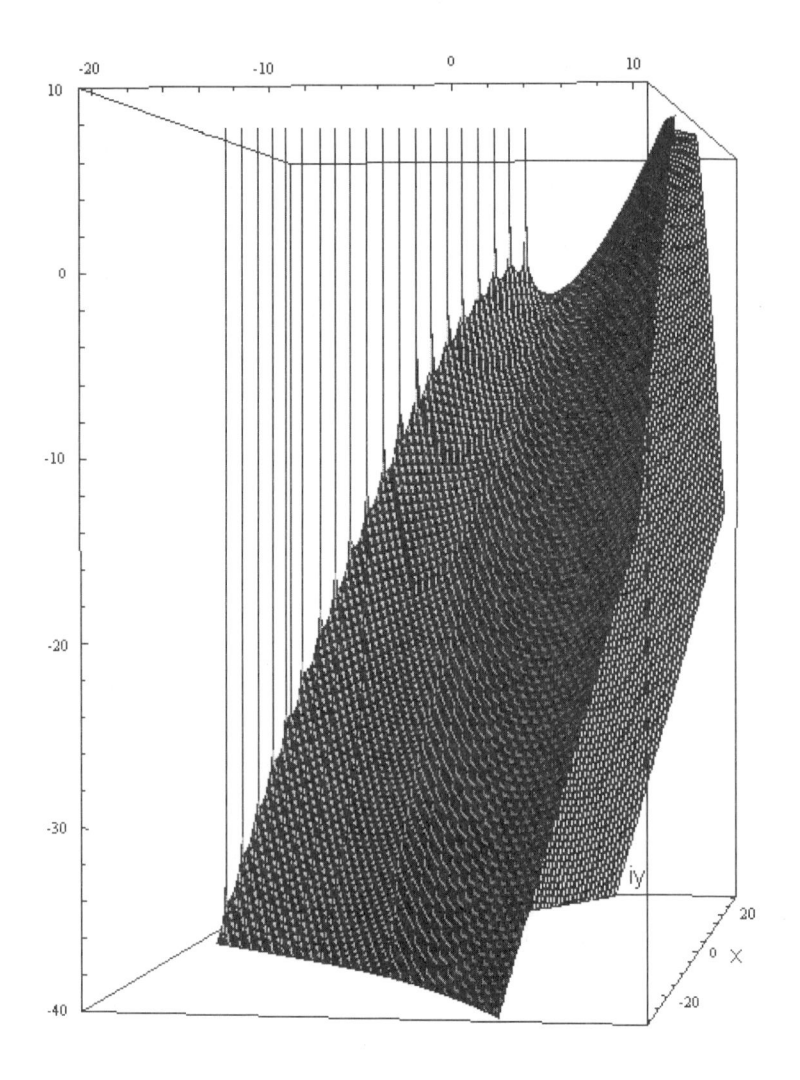

指数関数

$$\begin{aligned}\pi^s &= (e^{\log \pi})^s = \sum_{n=0}^{\infty} \frac{(s\log \pi)^n}{n!} \\ &= 1 + (s\log \pi) + \frac{(s\log \pi)^2}{2} + \frac{(s\log \pi)^3}{6} + \frac{(s\log \pi)^4}{24} + \cdots.\end{aligned}$$

実指数関数

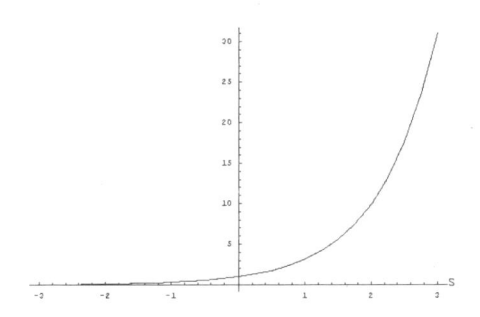

複素指数関数の絶対値の対数グラフ

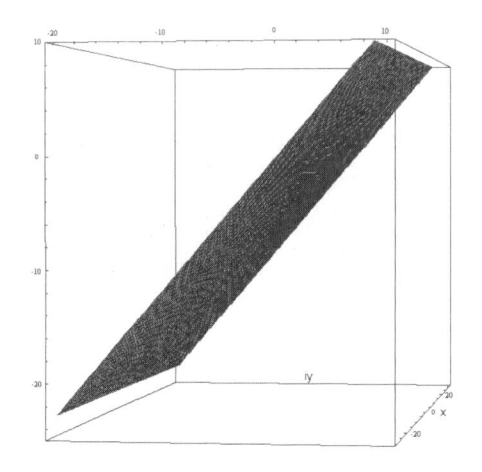

余弦関数

$$\cos \frac{\pi s}{2} = \sum_{k=0}^{\infty} \frac{(-1)^k \left(\frac{\pi s}{2}\right)^{2k}}{(2k)!}$$

$$= 1 - \frac{\left(\frac{\pi s}{2}\right)^2}{2} + \frac{\left(\frac{\pi s}{2}\right)^4}{24} - \frac{\left(\frac{\pi s}{2}\right)^6}{720} + \frac{\left(\frac{\pi s}{2}\right)^8}{40320} - \frac{\left(\frac{\pi s}{2}\right)^{10}}{3628800} + \cdots.$$

実余弦関数

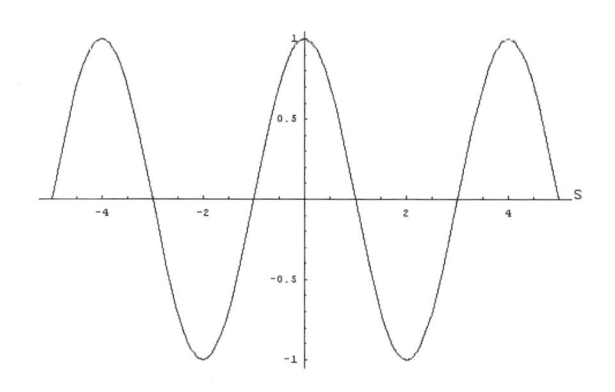

複素余弦関数の絶対値の対数グラフ

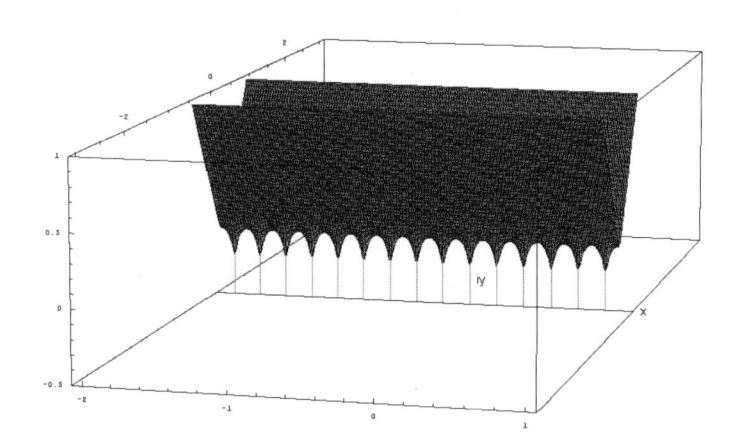

10　新たな謎

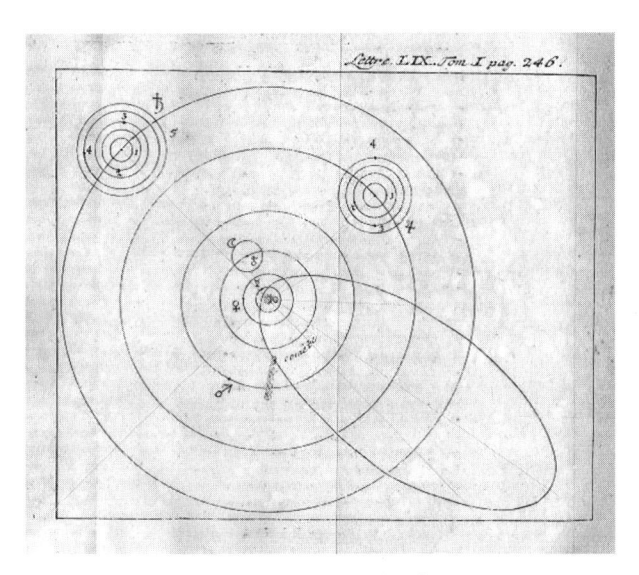

オイラーの太陽系

オイラーをめぐる人々 6

岩澤健吉 (1917-1998)

　群馬県桐生市に生まれる．代数的整数論に $\mathbf{Z}_p$-拡大という無限次拡大の独創的なアイデアを導入し，岩澤理論とよばれる整数論の肥沃な分野を切り拓いた．このアイデアを軸にして非正則素数 p の出現場所である指数 k の代数的な解釈を与えた岩澤主予想は，1984年の論文でメイザーとワイルズによって解決された．その後1994年に，ワイルズによりフェルマー予想が解決されるが，最後の突破の鍵は岩澤理論に基づくアイデアだった．

　「美しい等式」に関しても，ゼータ関数やその一般化である L 関数に対し，代数体から定まる群上におけるフーリエ変換や和公式を用いて明快な説明を与えた．その美しく完璧に構成された名講義でも名高い．

10 新たな謎

10.1 岩澤理論とオイラー

　『無限解析入門』における微小な誤差，そこにこめられたオイラーの巨大な意図に，私の心はゆさぶられた．そして，オイラーという偉大な人物に出会えた偶然の幸運に感謝していた．

　ところで，なぜ私はこの幸運に巡り会えたのだろうか．整数論を専門に選んだきっかけは，大学3年生のときに類体論とよばれる美しい理論を，その創始者である高木貞治の名著『代数的整数論』によって，同級生とともに学んだことだろう．大学4年生になって，K 先生から岩澤健吉先生という偉大な数学者が日本に戻っておられることをうかがった．毎週土曜日に駒場の研究棟でセミナーが開かれていて，そこに70歳を超えられた岩澤先生が出席されているということだった．岩澤先生が35歳のときに出版された『代数函数論』は名著として現在でも名高く，独創的な岩澤理論の創始者としても高名だった．

　そのセミナーは，のちに指導教官になっていただいたN先生が世話役をされ，毎週土曜日に多くの整数論研究者が岩澤先生の前で講演をされていた．家庭的な雰囲気のある小さなセミナーだった．先生は講演の最後に，講演者や出席者のために，可能な限りコメントを述べておられるようだった．それらはとても明快で，数学の本質といった雰囲気を未熟な私にも感じさせてくれた．岩澤先生のご講義を聴くことはできなかったが，そういった先生のお話が素晴らしい勉強になった．

　私も緊張しながら，先生の前でつたない話をしたことがある．そのときの岩澤先生の質問が忘れられない．

「その数は素数ですか？」

整数論が好きなら，この質問の意図はきっと分かるだろう．けれども，私はその数が素数であるかどうかを調べていなかった．まだ，数の楽し

さがよく分かっていなかったのだ. ちなみに, 質問されたその数「727」は素数だった.

私は幸運にも土曜日のセミナーに出席しながら, 代数体の岩澤理論を学ぶことができた. そして, 数の楽しさやゼータ関数の不思議を数多く学んだ. さらに, I先生との共同研究の中で, 色んな実例を計算して調べながら, 整数論のさまざまな予想の解答を自分なりに推理していた. まずは何が起こっているのかを, 証明はともかく直観的につかんでおきたかった.

非正則素数に関連するある未解決の予想がある. 150年ほど前から問題となっている古典的な予想だ. 非正則素数の中でも, さらにある特殊な性質を満たすような例外的な素数があるかどうか, という問題だった. その予想は「そういった例外的な素数はない」というもので, 私の直観とは逆だった. ただ逆とはいえ, その例外的な素数はあまりにも稀で,

$$10^{100} \text{以下の素数の中に1個か2個}$$

くらいしかないと私は見積もっていた. そんな素数を網羅的に探し出すなど現代の数学力・科学力では無理だ. けれども, それと似たような素数なら探し出せるはずだと考えた. Z関数の無限の仲間たちの中からならば, いくつか見つけられるだろう.

$$
\begin{aligned}
Z_1(n) =& \quad 1 \quad -2^n \quad +3^n \quad -4^n \quad +5^n \quad -6^n \quad +7^n \quad -8^n \quad +\cdots \\
Z_{-3}(n) =& \quad 1 \quad -2^n \qquad\quad +4^n \quad -5^n \qquad\quad +7^n \quad -8^n \quad +\cdots \\
Z_{-4}(n) =& \quad 1 \qquad\quad -3^n \qquad\quad +5^n \qquad\quad -7^n \qquad\quad +\cdots \\
Z_5(n) =& \quad 1 \quad -2^n \quad -3^n \quad +4^n \qquad\quad +6^n \quad -7^n \quad -8^n \quad +\cdots \\
Z_{-7}(n) =& \quad 1 \quad +2^n \quad -3^n \quad +4^n \quad -5^n \quad -6^n \qquad\quad +8^n \quad +\cdots \\
Z_8(n) =& \quad 1 \qquad\quad -3^n \qquad\quad -5^n \qquad\quad +7^n \qquad\quad +\cdots \\
Z_{-8}(n) =& \quad 1 \qquad\quad +3^n \qquad\quad -5^n \qquad\quad -7^n \qquad\quad +\cdots.
\end{aligned}
$$

10 新たな謎

　このような関数が Z 関数の仲間たちであり，$Z_1 = Z_1(n)$ が本書の Z 関数である．なお，オイラーは Z_{-4} についても研究しており，さすがという他ない．ゼータ関数やその一般化である L 関数の源流は，やはりオイラーにある．

　5年ほど前から私は，多くの Z 関数の仲間たちを相手にして，非正則素数にあたるものや例外的な素数を探すための計算実験を続けてきた．プログラムにバグがあったり途中で計算が止まったりという苦労は当然あったが，毎日計算実験を休みなく続けた．きっと単純計算を好まない数学者から見れば，まったく無意味な作業に思えるだろう．一般的な定理が導き出せるわけではないので，あまり意味のある数学的な業績とはいえないらしい．

　けれども私は，計算を高速化しようとする努力の中で，新たなアルゴリズムを探し出すことができた．それは，高速フーリエ変換を用いるものだった．高速フーリエ変換はさまざまな波の分析のために，理工学の多くの分野で頻繁に用いられている．そのアルゴリズムを非正則素数の計算のために1回，その例外的な素数の確認のためにもう1回用いる．後者が私のささやかな貢献だった．そのおかげで，先に述べた Z 関数の7つの仲間と100万以下の素数の中から，例外的な素数をわずか3個だけ確認できた．Z_{-4} で $p = 379$ の1個，Z_8 で $p = 34301$ と 157229 の2個だけで，他にはなかった．これらは，およそ1300億の候補 (p, k) のうちのたった3個である．

　こういった稀な素数を自分で発見できるようになると，非正則素数の計算実験自体が素晴らしく楽しいものに思えてきた．そして，計算データを美しく表現できないかと思うようになった．はじめは生物で表現しようと思った．手が14本もあるような奇妙な生物が登場したので，少し失敗だったかもしれない．次に惑星で表現しようと思った．3年ほど前だった．

非正則素数は周期 $p-1$ で出現するので, 軌道の円周の長さは $p-1$ が良いのだろう. そのためには, 非正則素数と指数の対 (p,k) に対し, 半径を $r_p = \dfrac{p-1}{2\pi}$, 角度を $\theta_{p,k} = \dfrac{2\pi k}{p-1}$ として,

$$(x,y) = (r_p \cos\theta_{p,k}, r_p \sin\theta_{p,k})$$

に点を配置するのが自然だろう. 以下がその図である.

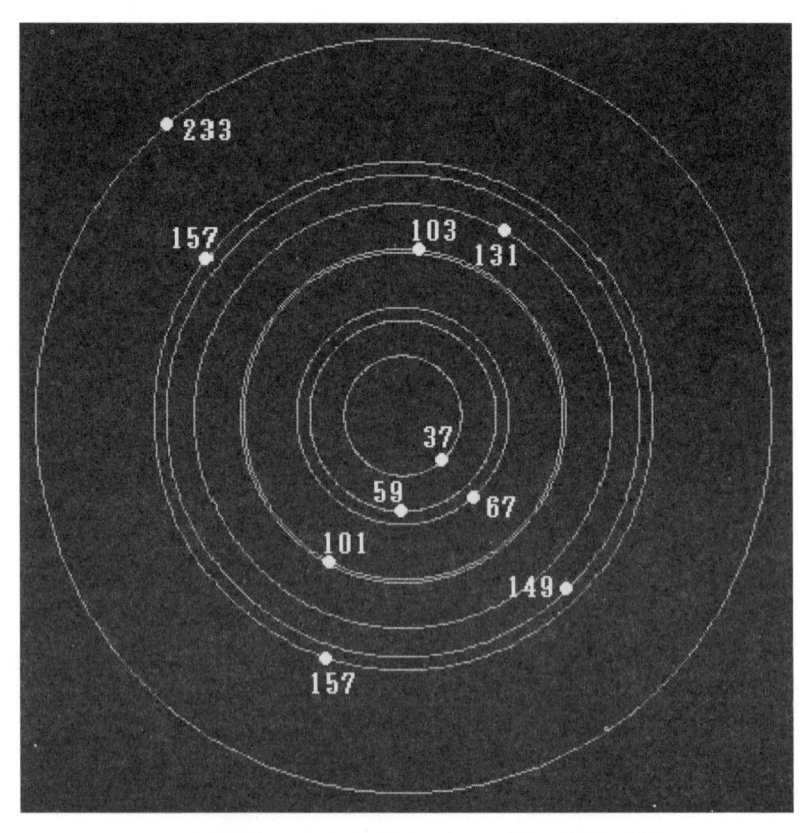

Z_1 太陽系の中心に現れる 10 個の素数惑星

10 新たな謎

ゼータ値 $\zeta(1-k) = -\dfrac{B_k}{k}$ の分子にその素数が現れるかどうかは，それぞれの素数惑星の軌道で $(r_p, 0)$ から反時計周りに k だけ円弧を進んだところに点があるかどうかで決まる．これを 200 万以下の素数までひろげてグラフにしたのが，第 3 章 1 節の 37 をほぼ中心とした Z 太陽系の図である．この Z 太陽系は無限に大きい．

非正則素数を美しいと感じはじめた私は，だれが最初にこの周期性の不思議を探し出したか知りたくなった．それは岩澤理論の源流がどこにあるかという問題を意味していた．

通常，非正則素数の周期性の発見は，150 年前のクンマーによるものとされている．けれども，K 先生の著作からオイラーのゼータ関数に対する深い研究を知って，オイラーのことが気になりはじめた．そしていつしか「美しい Z の等式」に巡り合い，ついに『無限解析入門』で彼の最高のパズルに出会うことができた．… これは，本当に偶然の出会いだったのだろうか．

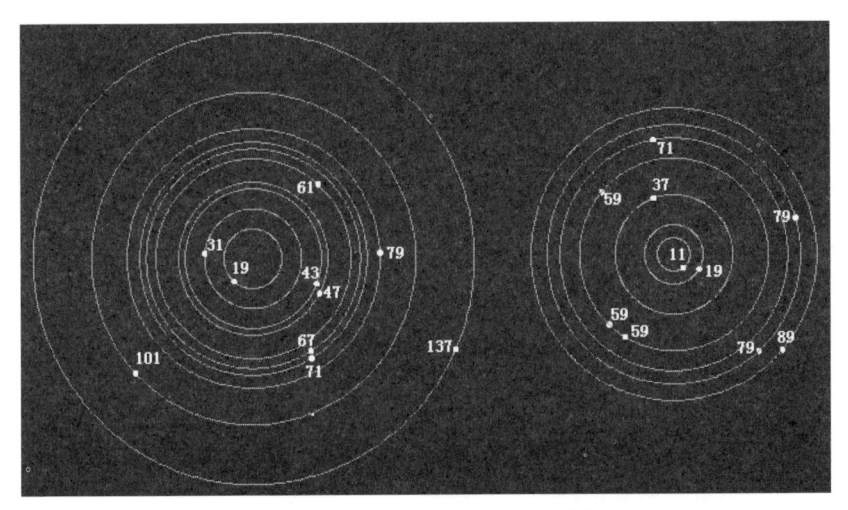

Z_{-4}, Z_8 太陽系の中心に現れる 10 個の素数惑星

────── **オイラーが描いた太陽系** ──────

『ドイツ王女への手紙』第1巻の唯一の折込図
この当時は，まだ土星までしか発見されていなかった．木星と土星の衛星の個数に注目してほしい．

10.2 オイラーの太陽系

『無限解析入門』のパズルを解き終えて，ひとりの数学者としてのオイラーのことを考えていた．彼はゼータ関数のことをとても大事に思っていたのは間違いない．しかし，その当時何人の数学者が，その業績を重要視していたのだろうか．非正則素数の不思議に気がつくような繊細な数学者はいたのだろうか．いなかったとすれば，彼はずっと孤独を感じていたのだろうか．

1年ほど前，もっとオイラーのことが知りたくて，オイラー全集の中にある『ドイツ王女への手紙』をぱらぱらとめくっていた．そして，あるページに奇妙な太陽系の図が載っていることに気がついた．

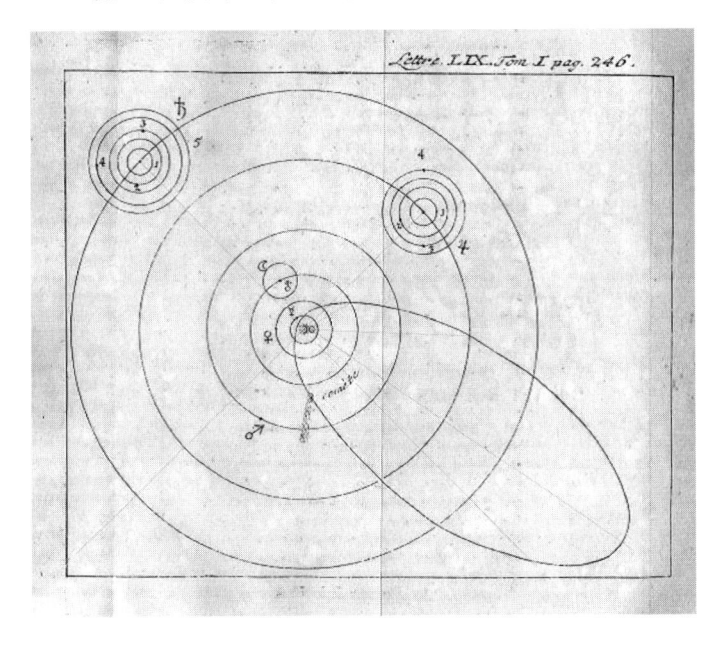

惑星・彗星の位置が明らかに人工的に見える．どうして彼はこんな図を描いたのだろう．もっと科学的に正しい図のほうが，ずっと読者にとってためになるだろうに… とその一瞬だった．

この図は見たことがある！

　私はもう一度オイラーに感謝した．彼は私のような読者のために描いたのだ．ゼータ値を追い求める者のために．

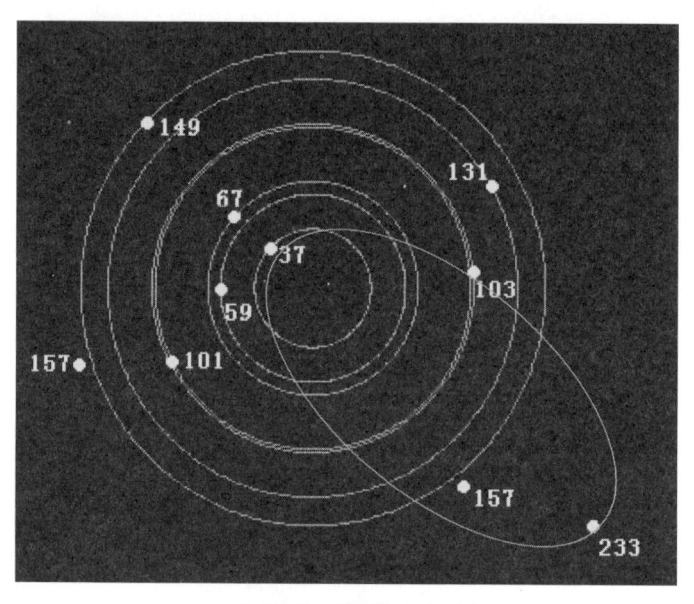

Z 太陽系 (解説は章末)

　もしオイラーが，現在の整数論の発展を目にしたとすれば，どんなに喜ぶことだろう．オイラーの不思議は，ガウス，ガロア，クンマー，リーマン，ヒルベルト，高木，岩澤らをはじめとする多くの数学者の仕事によって整えられた．そして，今なおその不思議は消え去るどころか，いっそう美しく輝いている．ゼータ関数はさまざまな対象に拡張され，その性質を多くの数学者が追い求めている．ゼータ値の重要性は数論の研究者なら誰もが知っている．オイラーは，もう孤独ではない．

10 新たな謎

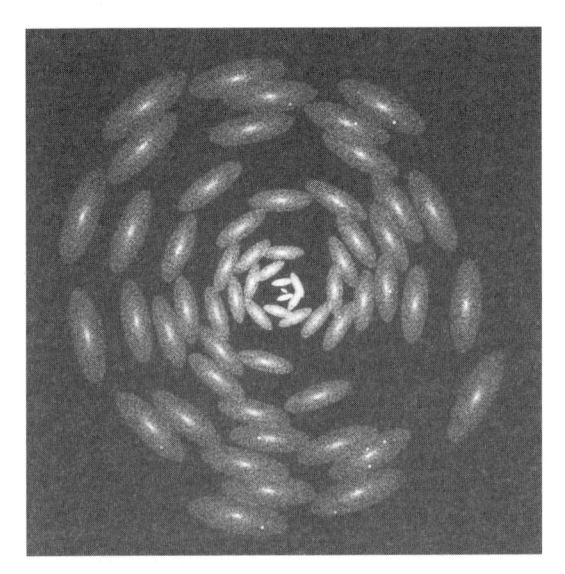

実二次 Z 銀河（$Z_1, Z_5, Z_8, \cdots$）

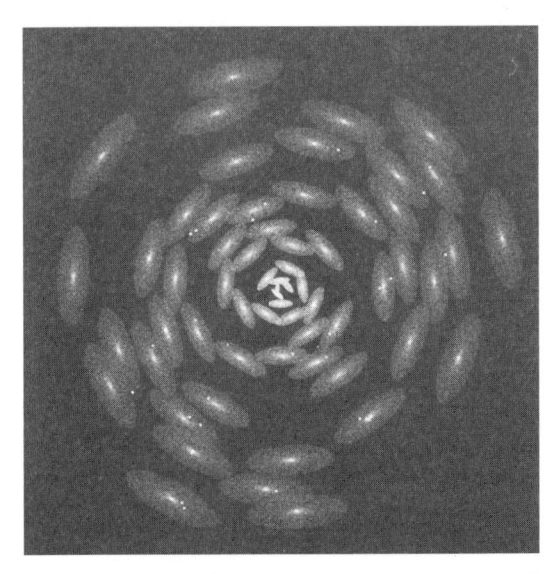

虚二次 Z 銀河（$Z_{-3}, Z_{-4}, Z_{-7}, Z_{-8}, \cdots$）
多くのゼータ太陽系 Z_f がある．

オイラーの太陽系の解説

　太陽系の 6 つの惑星と彗星軌道の位置を, 非正則素数 p と指数 k の対 (p, k) に対応させている. 12 時の方向から時計回りに正則素数と指数 (p, k) の位置を表示すると, 2 ページ前の図が得られる. この図とオイラーの太陽系の拡大図を見比べてほしい. 同じような順番と方向で並んでいることに気づく.

　具体的な対応は, 水星-37, 金星-59, 地球-67, 火星-101, c-103, 木星-131, 土星-149, e, f-157, d-233 となる. 火星と f の位置がかなり異なる理由は, これらの方向が土星と木星の 4 つの衛星の配置方向によって定められているためである. 具体的には, 土星の (1, 2, 3, 4) という方向は (火, e, 土, b) および (地, 木, f, d) の方向を定め, 木星の (1, 2, 3, 4) の方向は (a, 水, 金, c) の方向を定めている. なお, 土星の 5 番目の衛星はなぜか表示されていない.

　水平軸が (火, e, 土, b) の方向と (地, 木, f, d) の方向の対称軸になる. そこで同様に, 同じ対称軸で彗星 a に対応する彗星 a' を考えると, その方向は (691, 12) にあり, a' のほうきが隠す部分は指数 0〜10 の非正則素数がないことを暗示しているのかもしれない. 惑星の軌道間の距離などについても, オイラーは非正則素数の大きさとの対応を考えながら描いているようであるが, 詳細な解釈はまたの機会に譲りたい.

　なお, この図は『ドイツ王女への手紙』第 1 巻における 37 種類の図のうちの 34 番目にある唯一の折込図である. オイラーがゼータ値を 34 まで求めたことを思い出そう. この図は 59 番目の手紙の中にあって, しかも図にある太陽と惑星と彗星の総数である 8 という数を足し合わせれば 67=59+8 となる. つまりここでも, 100 以下の非正則素数 3 つを表現しているようだ.

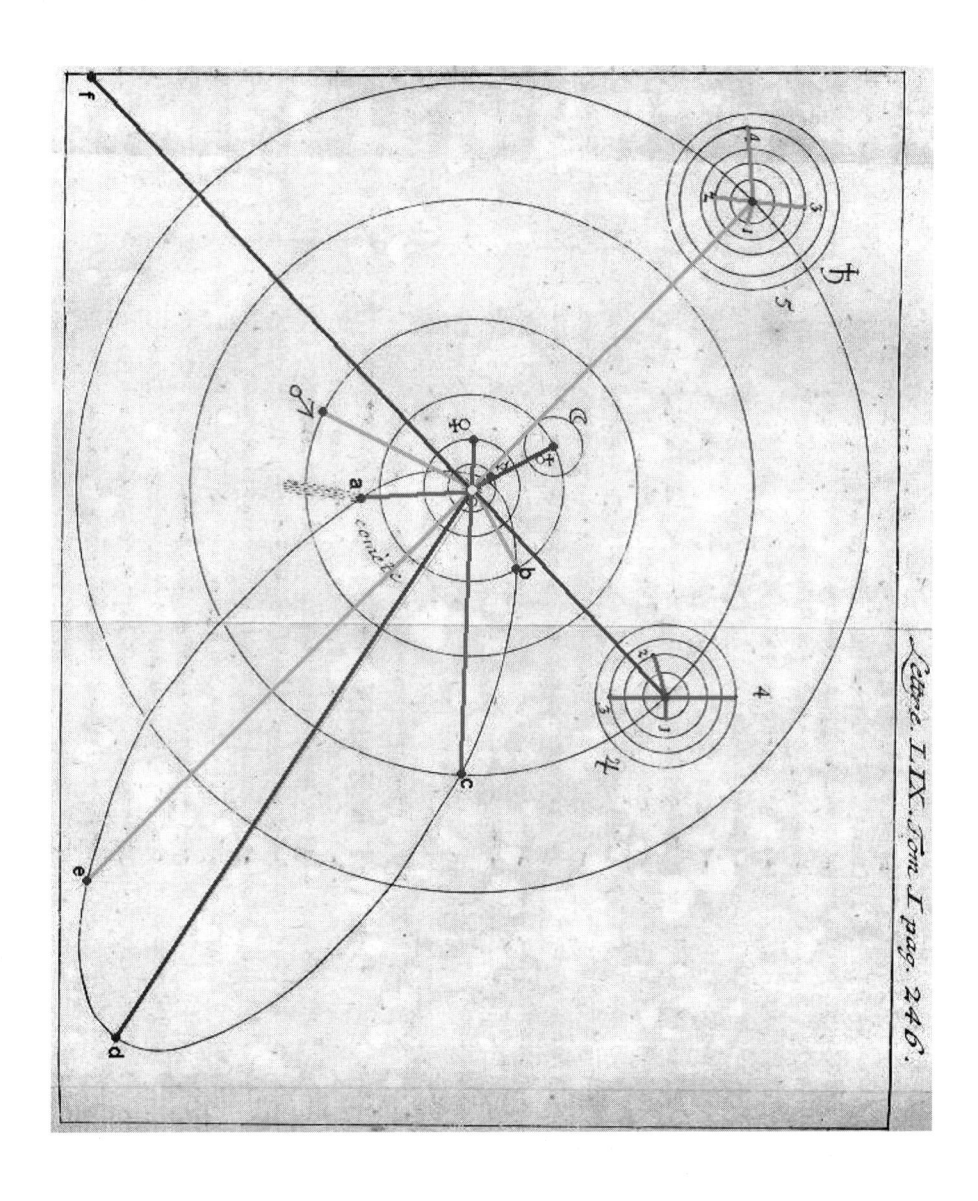

10 新たな謎

10.3　最後の謎

　P1の解答を示すべき時がきた．すぐに示さなかったのは，数学だけでは解けない内容がふくまれているためだ．太陽と月のゼータの美しさが金冠日食という天体現象と関係していたように，オイラーのパズルは数学だけでは解き明かせないこともある．彼の研究対象は，われわれが考えているよりもずっと広いのかもしれない．

　P1 の誤差 1112 が産み出された理由を調べると，$\log(50/49)$ の誤差に行き当たる．その行の大文字を拾うと PS となっている．その前の 2 行はともに H L になっているが，これらの文字にピンとくる日本人は少ないだろう．なぜなら，われわれはアルファベット文化圏とは大いに異なる文化圏にいるからだ．

　敬虔なキリスト新教徒だったオイラーが最初に聖書を引用するのは，自然なことだろう．そう考えると，これらの文字が聖書の詩篇 (**P**salm) とハレルヤ (**H**allelujah) を意味することが推理できる．なお，2 つの文中に log を意味する l が何度も現れること，ヘブライ語聖書では母音は表記されないことに注意する．オイラーが引用したと考えられる PS.111:2 は，次のような意味である．

　　　　「この世界は偉大である．　そしてこの世界は，
　　　　　それを喜ぶすべての者によって尋ね究められる」

まさしくこれは，オイラーの行動の原点なのだろう．なお，詩篇 37, 111, 112 は，行頭文字がアルファベット順に並ぶアルファベット詩篇であり，内容と形式の両面で美しい 3 つ組になっている．これで 777, 111-211 の意味が判明する．

　さらに Sδ の解答を述べよう．Sγ と Sδ を並べると，777+1-1125 となる．最後の 5 を除けば，P1 の解答の 777, 111:2, 112 が現れており，P1 の解答のチェックであったことが分かる．

10 新たな謎

　では,最後に残った5とは何を意味するのだろう. 第2巻のパズルは,ずっと第1巻の解答のチェックであったわけだから,再度『無限解析入門』第1巻の最初に誤差がないか調べてみた. しかし,何も見つからず悩んでいたところ,ある奇妙な数値リストが目についた. 第1巻の第6章にある最初の数値リスト $\log_{10} 5$ だった. なぜ,こんな奇妙に行ったり来たりする計算をわざわざリストにして,オイラーは取り上げたのだろうか. まるで,オイラーのパズルの問題と解答のように上下に行ったり来たりして $\cdots$. そのとき第6章の題名を見てはっと気がついた.

逆関数－逆転

Exponentialibus ac Logarithmis
$lZ = l5.000000 = L5 = $ L Euler.
Leonhard Euler

　最初と最後にオイラーは署名を残したのだ. 最初に E.L. とその逆 $lZ = \log_{10} 5.000000$ を著し,最後に5を著したわけである. すると, $Z = 5.000000 = 5 = E$ ということになり,

Z はオイラーを意味した.

あなたは本書の副題の意図を,見破ることができただろうか.

　さあ,ここで新たな謎が出現した. あの天才リーマンは, Z がオイラーを意味することを知った上で,オイラーが追い求めた関数に z に対応するギリシャ文字 ζ を用いたのだろうか. リーマン予想の論文には,オイラーによる Z 関数の研究の影響が見え隠れする. しかも,リーマンもまた本物の天才計算家だった. その可能性が決してないとは言いきれないだろう. そして,単なる偶然である可能性も大いにある.

『無限解析入門』第 1 巻の口絵

あとがき

　オイラーという天才について考えることは楽しい．『無限解析入門』や『ドイツ王女への手紙』といった本や多くの論文を読みながら，彼が何を考えていたのか，その先に何を見ていたのかを考えると，さまざまな想像が膨らんでいく．

　もしオイラーがこの現代にやって来たとしたら，彼はいったい何をめざすのだろうか．この世界を探究したいという思いは，きっと変わらないだろう．だから，天文学者か，物理学者か，化学者か，生物学者か，医学者か，工学者か，農学者か，法学者か，経済学者か，教育学者か，文学者か，哲学者か，数学者か，それとも聖職者だろうか．あるいは現代においても，彼のあのすさまじい能力によって，すべてを究めようとするのだろうか．もちろん，現代のように極度に細分化し発達した諸分野をすべて究めるなどということは，到底無理だろう．それでもなお，きっと最後の推測こそが，彼の本質に近い気がする．

　本書では，ほんの少しかもしれないけれども，そのオイラーの本質に触れることができたと考えている．もっと多くの人が彼の素晴らしさに触れて，彼のことをもっと深く学びたいと思ってくれると嬉しい．

　ところで，本書を読んで私の主張をまともに反証しようと試みる計算家は現れないだろうか．私は，そんな真の計算家には心からエールを送りたい．なぜなら，私も最初はそこからはじめたからだ．実際に自分で計算して，一歩一歩着実に進んでいくことは，かけがえのない大切な行為だろう．

　そこで，そんな計算家のために，反証の可能性を具体的に示しておこう．多くの誤差がどのようにして出現したかを説明できれば十分だろう．誤差が少数しかない場合は，誤差が産み出された原因が分からないこともある．しかし，同じ方法で求められた数値の誤差が大量にあ

るときは,大抵の場合その誤差が産み出された理由を説明できる.第5章2節にあるリストでは,31個のデータのうち28個ものデータに最終1桁のみの誤差がふくまれている.実は有効桁数から言えば,これらの誤差はすさまじく膨張している.これらの28個の誤差を統一的に説明できれば,反証に成功したことになるだろう.もちろん他のリストでも,それらの誤差が産み出された原因を明快に説明できれば,反証できたと言えよう.

　私自身としては,すでにさまざまな計算を試してしまったので,数値リストの誤差に何らかのオイラーの意図があることについては確信している.その一方で,本書で与えた解釈のみが正しいと主張する気はほとんどない.オイラーの本質に迫るようなより良い解釈がある可能性は高い.解釈については,さらに修正していくべきだと考えている.なお,本書の途中でも述べておいたが,取り上げた誤差は解釈可能なものだけを集めているわけではない.『無限解析入門』におけるほぼすべての誤差を取り上げている.だから,たくさんある誤差から恣意的に推理できるものだけを選んでいるといった批判は当たらない.私にとっては,すべての誤差が最高のパズルだった.

　数学者の言葉・略歴などについては,参考文献 [4], [5], [6], [8] などより引用させていただいたが,読みやすさを考慮して出典箇所を1つ1つ示していないことをお詫びしたい.また,文書作成には LaTeX を使用しており,グラフの描画には Mathematica 5.2 を利用した.さらに UBASIC, gcc, gmp などの有益なソフトウェアも大いに活用し,多くの技術者・研究者の血と汗の結晶ともいえる計算機や周辺機器などのハードウェアも大規模に使用した.研究費に関しては,科学研究費若手研究 (B)13740015, 16740019, 住友財団基礎科学研究助成 2000 年度 No.000101 によるご支援をいただいた.

あとがき

　広島大学総合科学部の学生さんたち K 君, H 君, S1 君, Y さん, S2 君, 徳島大学大学院の学生さん T 君とのセミナーでは, この問題を直接考えるきっかけになった. F 氏との出会いは, オイラーの原論文を直接読むきっかけになった. いくつかの大学で「ベルヌーイ数」や「オイラー」に関する古典的な内容で講演させていただいたことも, 本書の内容を深める素晴らしい機会になった. それ以外にも, これまで出会った多くの方々や出来事からさまざまな有形無形の助けがあって, 本書は成り立っている. このような偶然に, 心から感謝したい.

　特に, 通常とはいえない本書を出版するにあたって, 大変にご尽力いただいた現代数学社の富田栄氏, オイラーの暗号について雑誌で取り上げてくださったしみずともこ氏, さらに『無限解析入門』の邦訳という有益なお仕事を手がけられ, 本書の出版についてもあたたかい言葉をかけてくださった高瀬正仁氏に, この場を借りて感謝を述べたい.

　最後に一言述べておくべきだと思う. 勘の良い読者は, もう気がついているかもしれない. 本書では解答の一部が述べられておらず, オイラーのパズルもこれで終わったわけではない. さらなるパズルがいったいどこに隠されているのかは, 本文中に何度か述べている. 問題は解答であり, 解答は問題である. 解くべきオイラーのパズルはまだまだ残っている.

さあ, この果てしなく広い世界を探検してみよう！

LETTRES
A UNE PRINCESSE
D'ALLEMAGNE
SUR DIVERS SUJETS
de
PHYSIQUE & de PHILOSOPHIE.

TOME PREMIER.

『ドイツ王女への手紙』第1巻

付録A ベキ乗和の公式

k 乗和の公式は, $k=0$, $k=1$, $k=2$ などの公式から, n の $k+1$ 次の多項式で表されると推測できる. 実際,

$$\int_m^{m+1} [x]^k dx = \int_m^{m+1} m^k dx = m^k$$

であることと, $x-1 < [x] \leqq x$ に注意すると,

$$\int_1^{n+1} (x-1)^k dx \;\leqq\; \int_1^{n+1} [x]^k dx \;\leqq\; \int_1^{n+1} x^k dx$$

$$\frac{1}{k+1} n^{k+1} \;\leqq\; \sum_{m=1}^{n} m^k \;\leqq\; \frac{1}{k+1}(n+1)^{k+1} - 1$$

となり, 主要項は $\dfrac{1}{k+1} n^{k+1}$ になる. そこで以下のように, $\sum_{m=1}^{n} m^k$ は n の $k+1$ 次の多項式 $S_k(n)$ で表されるものと考えよう.

$$\begin{aligned} S_k(n) &= a_{k,k+1} n^{k+1} + a_{k,k} n^k + \cdots + a_{k,1} n \\ &= \sum_{j=1}^{k+1} a_{k,j} n^j. \end{aligned}$$

なお, $a_{k,0} = S_k(0) = 0$ となる. ここで, n の係数 $a_{k,1}$ を k 番目のベルヌーイ数 B_k と定義する. このとき, 他の係数 $a_{k,j}$ たちも $k-1$ 番目までのベルヌーイ数たちで表され, ある漸化式を満たすことを示そう.

まず, $f(x)$, $g(x)$ が多項式であるとき,

$$\begin{aligned} f(n) = g(n) \quad &(\text{すべての自然数 } n) \\ \iff f(x) &= g(x) \;(\text{すべての実数 } x) \end{aligned}$$

となることに注意する. 有限個の n ならば等号が成立することもあるが, 多項式が一致しない限り無限個の n で等号は成立しない. m 次の

多項式 $h(x) = f(x) - g(x) \not\equiv 0$ の零点はせいぜい m 個しかないからだ。このことに注意すると，$S_k(x)$ を $S_k(n)$ の n を x で置き換えた多項式とすれば，

$$S_k(n+1) - S_k(n) = (n+1)^k \iff S_k(x+1) - S_k(x) = (x+1)^k$$

となる。右の等式の両辺を微分すると，

$$S_k'(x+1) - S_k'(x) = k(x+1)^{k-1}$$

であり，$x = n-1, n-2, \cdots, 1, 0$ を代入すれば，

$$\begin{aligned} S_k'(n) - S_k'(n-1) &= kn^{k-1} \\ S_k'(n-1) - S_k'(n-2) &= k(n-1)^{k-1} \\ &\cdots\cdots \\ S_k'(2) - S_k'(1) &= k \cdot 2^{k-1} \\ S_k'(1) - S_k'(0) &= k \cdot 1^{k-1}. \end{aligned}$$

ここで左辺と右辺の和をとると，すべての n について

$$S_k'(n) - S_k'(0) = k(1^{k-1} + 2^{k-1} + \cdots + n^{k-1}) = kS_{k-1}(n)$$

が成立する。したがって，n を x で置き換えた等式

$$S_k'(x) = S_{k-1}(x) + S_k'(0) = S_{k-1}(x) + a_{k,1} = kS_{k-1}(x) + B_k$$

も成立する。これをさらに微分すると，$j \geqq 2$ において，

$$S_k^{(j)}(x) = kS_{k-1}^{(j-1)}(x)$$

だから，

$$\begin{aligned} S_k^{(j)}(0) &= kS_{k-1}^{(j-1)}(0) = k(k-1)S_{k-2}^{(j-2)}(0) \\ &= k(k-1)(k-2)S_{k-3}^{(j-3)}(0) \\ &\cdots\cdots \\ &= k(k-1)\cdots(k-j+2)S_{k-j+1}'(0) \\ &= k(k-1)\cdots(k-j+2)a_{k-j+1,1} \\ &= k(k-1)\cdots(k-j+2)B_{k-j+1} \end{aligned}$$

となる. $S_k^{(j)}(0) = j! a_{k,j}$ でもあるから,

$$\begin{aligned}
S_k(x) &= \sum_{j=1}^{k+1} \frac{k(k-1)\cdots(k-j+2)B_{k-j+1}}{j!} x^j \\
&= \sum_{j=1}^{k+1} \frac{k! B_{k-j+1}}{(k-j+1)! j!} x^j = \sum_{j=1}^{k+1} \frac{{}_k C_{k+1-j} B_{k+1-j}}{j} x^j \text{ (公式)} \\
&= \sum_{j=1}^{k+1} \frac{(k+1)! B_{k+1-j}}{(k+1)(k+1-j)! j!} x^j \\
&= \sum_{j=1}^{k+1} \frac{{}_{k+1} C_{k+1-j} B_{k+1-j}}{k+1} x^j.
\end{aligned}$$

$x = 1$ とおいて, 両辺を $k+1$ 倍すれば,

$$\begin{aligned}
(k+1)S_k(1) &= (k+1) \cdot 1^k = k+1 \\
&= \sum_{j=1}^{k+1} {}_{k+1} C_{k+1-j} B_{k+1-j} \cdot 1^j \\
&= {}_{k+1} C_k B_k + \cdots + {}_{k+1} C_1 B_1 + {}_{k+1} C_0 B_0
\end{aligned}$$

という漸化式が得られる.

実際, ベルヌーイ数を用いて定まる多項式 $S_k(n)$ は, 1 から n までの k 乗の和を与えている.

付録B ベルヌーイ数

$B_0 = 1 \quad B_1 = \dfrac{1}{2} \quad B_2 = \dfrac{1}{6} \quad B_4 = -\dfrac{1}{30} \quad B_6 = \dfrac{1}{42} \quad B_8 = -\dfrac{1}{30}$

$B_{10} = \dfrac{5}{66} \quad B_{12} = -\dfrac{691}{2730} \quad B_{14} = \dfrac{7}{6} \quad B_{16} = -\dfrac{3617}{510} \quad B_{18} = \dfrac{43867}{798}$

$B_{20} = -\dfrac{174611}{330} \quad B_{22} = \dfrac{854513}{138} \quad B_{24} = -\dfrac{236364091}{2730}$

$B_{26} = \dfrac{8553103}{6} \quad B_{28} = -\dfrac{23749461029}{870} \quad B_{30} = \dfrac{8615841276005}{14322}$

$B_{32} = -\dfrac{7709321041217}{510} \quad B_{34} = \dfrac{2577687858367}{6}$

$B_{36} = -\dfrac{26315271553053477373}{1919190} \quad B_{38} = \dfrac{2929993913841559}{6}$

$B_{40} = -\dfrac{261082718496449122051}{13530}$

$B_{42} = \dfrac{1520097643918070802691}{1806}$

$B_{44} = -\dfrac{27833269579301024235023}{690}$

$B_{46} = \dfrac{596451111593912163277961}{282}$

$B_{48} = -\dfrac{5609403368997817686249127547}{46410}$

付録C UBASICプログラム

UBASIC http://www.rkmath.rikkyo.ac.jp/~kida/ubasic.htm

```
10  'E101 P1
20  print "P1:log(n)"   '** P1**
30  point 10
40  dim Y(10)
50  dim L(10)
60  L(1)=0
70  Y(1)=fnLog(1/5, 20)  'log(3/2)
80  Y(2)=fnLog(1/7, 20)  'log(4/3)
90  Y(3)=fnLog(1/9, 20)  'log(5/4)
100 L(2)=Y(1)+Y(2)
110 L(3)=Y(1)+L(2)
120 L(4)=2*L(2)
130 L(5)=Y(3)+L(4)
140 L(6)=L(2)+L(3)
150 L(8)=3*L(2)
160 L(9)=2*L(3)
170 L(10)=L(2)+L(5)
180 Y(4)=fnLog(1/99, 10)
190 L(7)=(2*L(5)+L(2)-Y(4))/2
200 for N=1 to 10:print int(L(N)*10^25)/10^25:next N
210 end
220 fnLog(X, N)
230    local I, Y
240    for I=0 to N
250       Y=Y+2*X^(2*I+1)/(2*I+1)
260    next I
270    return(Y)

10  'E101 P2:
20  print "P2: sin cos"   ' **P2**
30  point 10
40  P2=#pi/2
50  X=P2
60  for N=1 to 15
70     print 2*N-1, int(X*10^28)/10^28
80     X=X*P2^2/(2*N)/(2*N+1)
90  next N
100 print:stop
```

```
110 X=1
120 for N=1 to 16
130    print 2*N-2, int(X*10^28)/10^28
140    X=X*P2^2/(2*N-1)/(2*N)
150 next N

 10 'E101 P3:
 20 print "P3: tan cot" ' **P3**
 30 point 10
 40 dim Bern(100)
 50 Bern(2)=1//6
 60 Bern(4)=1//30
 70 Bern(6)=1//42
 80 Bern(8)=1//30
 90 Bern(10)=5//66
100 Bern(12)=691//2730
110 Bern(14)=7//6
120 Bern(16)=3617//510
130 Bern(18)=43867//798
140 Bern(20)=174611//330
150 Bern(22)=854513//138
160 Bern(24)=236364091//2730
170 Bern(26)=8553103//6
180 for N=1 to 25 step 2
190    print N, int((2*(2^(N+1)-1)*#pi^N
             *Bern(N+1)/!(N+1)-4/#pi)*10^13)/10^13
200 next N
210 print:stop
220 for N=1 to 19 step 2
230    print N, int((2*Bern(N+1)*#pi^N/
             !(N+1)-1/2^(N-1)/#pi)*10^13)/10^13
240 next N
```

付録C UBASIC プログラム   197

```
 10  'E101 PA:
 20  print "PA"  '**PA**
 30  point 10
 40  dim Bern(50)
 50  dim Zr(50)
 60  dim Br(50)
 70  Bern(2)=1//6
 80  Bern(4)=1//30
 90  Bern(6)=1//42
100  Bern(8)=1//30
110  Bern(10)=5//66
120  Bern(12)=691//2730
130  Bern(14)=7//6
140  Bern(16)=3617//510
150  Bern(18)=43867//798
160  Bern(20)=174611//330
170  Bern(22)=854513//138
180  Bern(24)=236364091//2730
190  Bern(26)=8553103//6
200  Bern(28)=23749461029//870
210  Bern(30)=8615841276005//14322
220  Bern(32)=7709321041217//510
230  Bern(34)=2577687858367//6
240  Bern(36)=26315271553053477373//1919190
250  A=10:J=36:X#=0
260  for S=2 to 44 step 2
270     X#=0:Y#=0
280     for N=1 to A-1
290        X#=X#+1/(N^S)
300     next N
310     Y#=1/(S-1)/(A^(S-1))+1/2/(A^S)
320     for N=2 to J step 2
330        Y#=Y#+(-1)^(N¥2+1)*Bern(N)*
              !(S+N-2)/!(S-1)/!(N)/(A^(S+N-1))
340     next N
350     print S, int((X#+Y#)*(1-1/2^S)*10^23)/10^23
360  next S
370  end
```

```
10  'E101 PB
20  print "PB"  '**PB**
30  point 10
40  dim Bern(50)
50  dim Zr(50)
60  dim Br(50)
70  Bern(2)=1//6
80  Bern(4)=1//30
90  Bern(6)=1//42
100 Bern(8)=1//30
110 Bern(10)=5//66
120 Bern(12)=691//2730
130 Bern(14)=7//6
140 Bern(16)=3617//510
150 Bern(18)=43867//798
160 Bern(20)=174611//330
170 Bern(22)=854513//138
180 Bern(24)=236364091//2730
190 Bern(26)=8553103//6
200 Bern(28)=23749461029//870
210 Bern(30)=8615841276005//14322
220 Bern(32)=7709321041217//510
230 Bern(34)=2577687858367//6
240 Bern(36)=26315271553053477373//1919190
250 A=10:J=36:X#=0
260 for S=2 to 48 step 2
270    X#=0:Y#=0
280    for N=1 to A-1
290       X#=X#+1/(N^S)
300    next N
310    Y#=1/(S-1)/(A^(S-1))+1/2/(A^S)
320    for N=2 to J step 2
330       Y#=Y#+(-1)^(N¥2+1)*Bern(N)
              *!(S+N-2)/!(S-1)/!(N)/(A^(S+N-1))
340    next N
350    print S, (int((X#+Y#)*10^23)-int((X#+Y#)
              *(1-1/2^S)*10^23))/10^23
360 next S
370 end
```

付録 C UBASIC プログラム

```
10  'E101 PC:
20  print "PC" '**PC**
30  point 10
40  dim Bern(50)
50  dim Zr(50)
60  dim Br(50)
70  Bern(2)=1//6
80  Bern(4)=1//30
90  Bern(6)=1//42
100 Bern(8)=1//30
110 Bern(10)=5//66
120 Bern(12)=691//2730
130 Bern(14)=7//6
140 Bern(16)=3617//510
150 Bern(18)=43867//798
160 Bern(20)=174611//330
170 Bern(22)=854513//138
180 Bern(24)=236364091//2730
190 Bern(26)=8553103//6
200 Bern(28)=23749461029//870
210 Bern(30)=8615841276005//14322
220 Bern(32)=7709321041217//510
230 Bern(34)=2577687858367//6
240 print "1st step"
250 for N=2 to 36 step 2
260    print N, 1/2^N
270 next N
280 stop:print "2nd step"
290 A=10:J=34:X#=0
300 D=15
310 for S=2 to 30 step 2
320    X#=0:Y#=0
330    for N=1 to A-1
340       X#=X#+1/(N^S)
350    next N
360    Y#=1/(S-1)/(A^(S-1))+1/2/(A^S)
370    for N=2 to J step 2
380       Y#=Y#+(-1)^(N¥2+1)
               *Bern(N)*!(S+N-2)/!(S-1)/!(N)/(A^(S+N-1))
390    next N
400    U#=int((X#+Y#)*10^D)/10^D:
              V#=int((X#+Y#)*(1-1/2^S)*10^D)/10^D
410    Z#=int((X#+Y#)*(1-1/3^S)*10^D)/10^D:
```

```
                W#=int((X#+Y#)*(1-1/6^S)*10^D)/10^D
420     A#=int((1-1/2^S)*10^D)/10^D
430     B#=int((1-1/3^S)*10^D)/10^D:
            C#=int((1-1/6^S)*10^D)/10^D
440     D#=int((1/6^S)*10^D)/10^D
450     E#=int((1/25^S+1/35^S+1/49^S+1/55^S
            +1/65^S+1/77^S+1/91^S+1/121^S+
            1/163^S+1/169^S+1/289^S) *10^(D+5))/10^(D+5)
460     print S, V#+Z#-W#-A#-B#+C#+D#-E#
470   next S
480   stop:print "3rd step"
490   A=10:J=34:X#=0
500   D=20
510   for S=2 to 36 step 2
520     X#=0:Y#=0
530     for N=1 to A-1
540       X#=X#+1/(N^S)
550     next N
560     Y#=1/(S-1)/(A^(S-1))+1/2/(A^S)
570     for N=2 to J step 2
580       Y#=Y#+(-1)^(N¥2+1)*Bern(N)*
                !(S+N-2)/!(S-1)/!(N)/(A^(S+N-1))
590     next N
600     Zr(S)=int(log(X#+Y#)*10^D)
610   next S
620   Br(36)=14551:Br(34)=58207:Br(32)=232830:Br(30)=931326
630   Br(28)=3725333:Br(26)=14901555:Br(24)=59608184:
                Br(22)=238450446
640   Br(20)=953961124:Br(18)=3817278702:Br(16)=15282026219
650   for N=36 to 16 step -2: Br(N)=Br(N)*10^(D-15):next N
660   S0=14
670   for S=S0 to 2 step -2
680     K=2:M=K*S:W=0
690     repeat
700       if M=<36 then W=W+Br(M)/K
710       if M>36 then W=W+fnPzeta(M)/K
720       K=K+1:M=K*S
730     until M>100
740     Br(S)=int((Zr(S)-W)/10^(D-15))*10^(D-15)
750   next S
760   for S=2 to S0 step 2: print S, Br(S)/10^D:next S
770   stop:print "4th step"
```

付録 C UBASIC プログラム

```
780  Br(36)=14551:Br(34)=58207:Br(32)=232830:Br(30)=931326
790  Br(28)=3725333:Br(26)=14901555:Br(24)=59608184:
                                   Br(22)=238450446
800  Br(20)=953961124:Br(18)=3817278702:Br(16)=15282026219
810  Br(14)=61244396725:Br(12)=246026470035
820  for N=36 to 12 step -2 :Br(N)=Br(N)*10^(D-15):next N
830  S0=10
840  for S=S0 to 2 step -2
850    K=3:M=K*S:W=0
860    repeat
870      if M=<36 then W=W+Br(M)/K
880      if M>36 then W=W+fnPzeta(M)/K
890      K=K+2:M=K*S
900    until M>100
910    Br(S)=int((Zr(S)-Zr(2*S)/2-W) /10^(D-15))*10^(D-15)
920  next S
930  for S=2 to S0 step 2:print S, Br(S)/10^D:next S
940  end
950  fnPzeta(S)
960    local X
970    X=1/2^S+1/3^S+1/5^S+1/7^S +1/11^S+1/13^S+1/17^S
980    return(X*10^D)



10   'E102
20   print "E102"  '**E102**
30   point 10
40   print "P1";int(sqrt(2)*log(2)/log(10) *10^7)/10^7
50   print "P1";int(2^sqrt(2)*10^6)/10^6
60   print "P1";int(10^sqrt(2)*10^6)/10^6
70   print "PA";int(cos(log(2))*10^14)/10^14
80   print "P2";int(log(#pi)*10^25)/10^25
90   print "PB";int(sin(1)*10^14)/10^14
100  print "PC";int(cos(1)*10^14)/10^14
110  Q=#pi/2
120  print "PD0";int(1/Q*10^8)/10^8
130  print "PD1";int(2/3/Q^3*10^8)/10^8
140  print "PD2";int(13/15/Q^5*10^8)/10^8
150  print "PD3";int(146/105/Q^7*10^8)/10^8
160  print "PD4";int(2343/945/Q^9*10^8)/10^8
```

参考文献

[1] Archive staffs 『Euler Archive』
　　http://www.math.dartmouth.edu/~euler/
[2] 荒川・伊吹山・金子『ベルヌーイ数とゼータ関数』
　　（牧野書店）
[3] W・ダンハム『オイラー入門』
　　（シュプリンガー・フェアラーク東京, 黒川・若山・百々谷訳）
[4] L・オイラー『Leonhardi Euleri Opera Omnia』
　　(Birkhäuser)
[5] L・オイラー『オイラーの無限解析』
　　『オイラーの解析幾何』　（海鳴社, 高瀬正仁訳）
[6] E・A・フェルマン『オイラーその生涯と業績』
　　（シュプリンガー・フェアラーク東京, 山本敦之訳）
[7] E・G・フォーブス『The Euler-Mayer Correspondence』
　　(American Elsevier)
[8] 岩波 数学辞典
[9] 小林昭七『なっとくするオイラーとフェルマー』
　　（講談社）
[10] 鹿野・平林・山野・金光・吉野・小山『リーマン予想』
　　（日本評論社）
[11] レオナルド『レオナルド・ダ・ヴィンチの手記（下）』
　　（岩波文庫, 杉浦明平訳）
[12] 森本光生『UBASICによる解析入門』（日本評論社）
[13] C・ペドレッティ他『レオナルド』
　　(Giunti Gruppo Editoriale)
[14] D・ラウグヴィッツ『リーマン 人と業績』
　　（シュプリンガー・フェアラーク東京, 山本敦之訳）
[15] A・ヴェイユ『数論 歴史からのアプローチ』
　　（日本評論社, 足立恒雄・三宅克哉訳）

索引

数字
10 進法 62–64, 113, 131, 140
12 音階 5, 82
777 22, 61–64, 131, 140, 147, 153, 156, 184
7 つの橋 91, 92, 99–102

アルファベット
I 先生 174
K 先生 173
K 先生 40, 41, 177
N 先生 29, 173
UBASIC 59, 195
v 123, 128, 148
ζ 関数 13, 17, 106–108, 112, 158
Z 関数 158, 166, 174, 175, 185
Z 銀河 181
Z 太陽系 46, 64, 177, 180, 181
Z 値 14, 24, 25, 27
Z の等式 ii, iii, 158, 177

ア行
アイゼンシュタイン 106
アルゴリズム 16, 31, 125, 134, 149, 175
岩澤健吉 172, 173
岩澤理論 172–174, 177
ウォリス 11
美しい等式 ii, vi, 14, 16, 23–25, 160, 172
遠近法 i, 90
オイラー積 vi, 117–119, 163
オイラー全集 23, 40, 41, 47, 141, 179
オイラーの等式 ii, iii, 66, 67, 71–73, 80, 86

オイラーの年表 vi
オイラー標数 vi, 97, 103, 104
オイラー・マクローリン法 vi, 16, 109, 110, 112, 113, 124, 159
オイラーをめぐる人々 iv, v, 22, 42, 106, 172
音律 4–6, 80

カ行
階乗関数 160, 166, 167
ガウス 22, 106, 180
ガロア 180
ガンマ関数 55, 167, 168
逆関数 66, 67, 185
逆転 103, 140, 147, 152, 153, 185
金冠日食 vi, 25–28, 157, 158, 161–164, 166, 184
近似値 vi, 11, 16, 52, 53, 57, 60, 61, 109, 110, 112, 113, 121–124, 131
クロネッカー 42
クンマー 42, 177, 180
ケーニヒスベルグ vi, 91, 92, 100, 103
交互 70, 81, 82, 132, 140, 147, 152
ゴールドバッハ 7, 11

サ行
三角関数 ii, 4, 8, 55, 67, 68, 80, 149, 150, 154, 160, 166
サンクト・ペテルブルグ vi, 4, 28, 41
指数関数 ii, 55, 66–69, 72, 80, 154, 160, 166, 169
失明 vi, 7, 10

正弦関数 4
正接関数 8, 85
ゼータ関数 16, 27, 40, 41, 55, 104,
　　　　106, 107, 111, 117, 120,
　　　　154, 163, 164, 172, 174,
　　　　175, 179, 180
ゼータ関数たちの関係 17
ゼータ値 13, 17–19, 27, 35–37, 39,
　　　　82, 104, 110, 113, 114,
　　　　121, 122, 124, 131, 133,
　　　　135, 137, 140, 149, 152,
　　　　159, 163, 177, 180, 182
ゼータ値のリスト 13, 37–39
世界地図 vi, 7, 8, 10
双対グラフ 99, 102, 103

タ行

大気 20, 161, 162
対数関数 2, 53, 55, 56, 66, 154
大ベルヌーイ 11, 12, 31, 82
太陽系 v, 20, 178, 179, 182
高木貞治 173
ダニエル・ベルヌーイ 6
テイラー展開 55, 56, 72
ディリクレ 106
ドイツ王女への手紙 ii, vi, 2, 20,
　　　　21, 178, 179, 182, 187

ハ行

バーゼル問題 vi, 11, 12, 14, 27, 35,
　　　　91, 109, 114, 115, 117
非正則素数 27, 34, 41, 44–46, 62,
　　　　64, 82, 124, 130–133, 135,
　　　　138, 140, 152, 163, 172,
　　　　174–177, 179, 182
一筆書き 92–97, 100, 103, 104
ヒルベルト 180
フーリエ変換 172, 175
複素関数 16, 22, 72, 73, 106, 107,
　　　　160

プトレマイオス 4, 82
フリードリッヒ大王 vi, 24
フロベニウス 42, 50
ベキ乗和の公式 29–31, 191
ベルヌーイ数 29–31, 34, 35, 38,
　　　　82, 84–86, 104, 110, 124,
　　　　134, 160, 163, 191, 194
ベルリン vi, 25, 26, 28, 42, 106

マ行

マクローリン展開 54–56, 67–72,
　　　　74, 75, 80, 85, 86, 88,
　　　　104, 110, 114
無限解析入門 vi, 35, 44, 47, 52,
　　　　55, 140, 141, 155, 173,
　　　　177, 179, 185, 187–189
無限積 114–116
無限和 11, 14, 15, 17, 35, 54, 110–
　　　　112, 114, 116
メンゴーリ 11

ヤ行

ヤコビ 106
余弦関数 4, 170
余接関数 8, 85
ヨハン・ベルヌーイ vi, 2, 4, 6, 12

ラ行

ライプニッツ 11, 109, 115
ラプラス v
リーマン 13, 16, 17, 104, 106, 119,
　　　　160, 180, 185
リーマン予想 16, 27, 41, 107, 117,
　　　　119, 120, 185
レオナルド・ダ・ヴィンチ i, iv

ワ行

ワイエルシュトラス 42

―著者略歴―

高橋浩樹（たかはし　ひろき）

1968 年　愛媛県伊予市生まれ
1996 年　東京大学大学院数理科学研究科博士後期課程修了
1996 年　広島大学総合科学部助手
2005 年　徳島大学工学部助教授
現　在　同大学院ソシオテクノサイエンス研究部准教授

無限オイラー解析

2007 年 7 月 7 日　初版 1 刷発行

　　　　　　　　著　者　　高橋浩樹
　　　　　　　　発行者　　富田　栄
　　　　　　　　発行所　　株式会社 現代数学社
　　　　　　　　　　　　　〒 606-8425
　　　　　　　　　　　　　京都市左京区鹿ヶ谷西寺ノ前 1
　　　　　　　　　　　　　TEL&FAX 075 (751) 0727
　　　　　　　　　　　　　http://www.gensu.co.jp/

　　　　　　　　印刷・製本　　株式会社 合同印刷

ISBN978-4-7687-0375-5　Ⓒ 2007　　　　　落丁・乱丁はお取替え致します．